MACHINE DE MARLY.

RÉPONSE A DES MÉMOIRES

DE M. PERIER L'AINÉ,

RÉPANDUS COLLECTIVEMENT DANS LE COURANT DE JUIN 1814.

N. B. On a fait usage dans ce mémoire des anciennes mesures, parce que M. Perier s'en est servi, et pour que les comparaisons fussent plus faciles à saisir.

A PARIS,

DE L'IMPRIMERIE DE BALLARD, RUE J. J. ROUSSEAU, N°. 8.

1814.

OBSERVATIONS

DE M. BRALLE,

INGÉNIEUR EN CHEF DES PONTS ET CHAUSSÉES, CHARGÉ DES TRAVAUX HYDRAULIQUES DE LA VILLE DE PARIS, ET DIRECTEUR DE LA MACHINE DE MARLY DEPUIS L'AN 1793 JUSQUES EN L'AN 1811,

Sur plusieurs Mémoires réunis en une seule collection, et publiés par M. Perier l'aîné, membre de l'Institut.

Mr. Perier l'aîné vient de publier avec profusion un recueil de différens mémoires sur le projet, qu'il était enfin parvenu à faire adopter, de remplacer la machine de Marly par des pompes à vapeur.

Je me trouve grièvement inculpé dans ce recueil indigeste; et si je ne devais pas au corps auquel j'ai l'honneur d'appartenir, si je ne devais pas à moi-même de repousser une agression aussi injuste qu'irréfléchie, je ne romprais pas le silence que je me suis toujours imposé lorsqu'il ne s'agissait que de répondre aux attaques d'une critique qui ne touchait en rien à mes mœurs et à ma probité.

Les trois mémoires de M. Perier sont d'une date déjà ancienne; et s'il a cru pouvoir profiter des circonstances pour faire revivre son désastreux projet, il s'est trompé : je pense au contraire qu'aujourd'hui je serai mieux écouté, plus favorablement entendu que je n'ai pu l'être autrefois; nous verrons au surplus lequel des deux aura le mieux placé son espoir. En attendant M. Perier m'ayant jeté le gant de toute sa hauteur, j'ai dû le ramasser, et j'entre en matière.

Le premier mémoire de M. Perier porte la date du 24 octobre 1807 ; cependant il avait cru ne devoir le livrer à l'impression qu'en mai 1811, et, bien que revêtu de l'approbation d'un censeur, un ordre supérieur, dont il n'a pu connaître le motif en a fait, dit-il, suspendre l'impression et briser les planches.

Je l'avouerai, je partage l'étonnement de M. Perier ; ce mémoire est tellement innocent, que je n'y puis rien découvrir qui ait dû alarmer l'inquiète jalousie de l'autorité d'alors. Je n'y verrais au contraire qu'un acte très-rare de sa bonté : elle voulait sans doute ménager la réputation de l'auteur.

En effet, M. Perier débute par dire « *que Rennequin avait* » *combiné la disposition des quatorze roues de sa machine, de ma*» *nière à les rendre indépendantes les unes des autres* », et c'est au contraire ce que Rennequin a eu la maladresse de ne pas faire.

Il ajoute (page 1re.) « *que les réservoirs de Marly rassuraient* » *par leurs immenses dimensions, contre la crainte de manquer* » *d'eau lorsqu'on serait obligé de se livrer à la réparation de* » *quelques parties de la machine* » ; mais, comme s'il eût eu peur d'être cru sur parole, il s'empresse d'affirmer *que ces dispositions présentaient de grands inconvéniens.*

Le premier devoir d'un historien est d'être exact ; M. Perier ne le remplit pas Il articule (page 2) « *que* 60 *ouvriers sont* » *journellement employés à l'entretien de cette machine, et qu'ils* » *coûtent annuellement* 70,000 *fr. par an, terme moyen* ».

D'abord, au lieu de 60 ouvriers, il n'y en avait, à l'époque où M. Perier écrivait, que 28, compris l'inspecteur.

En second lieu, ce n'est pas le salaire seul des ouvriers qui monte à 70,000 fr. par an, terme moyen ; il faut comprendre dans cette somme le traitement des chefs et employés, l'entretien des bâtimens et réservoirs, ainsi que le coût des matières de toutes espèces qui entrent dans l'entretien général, et il y a eu telle année où les dépenses extraordinaires ont excédé 182,000 fr.

En troisième lieu, M. Perier avait, dans de précédens mémoires, porté les frais d'entretien beaucoup au dessus de sa dernière évaluation; mais quelque intérêt qu'il eût à la maintenir, il n'a pu se refuser à l'évidence des calculs que j'ai établis dans le tems, après avoir compulsé sur les registres toutes les dépenses faites depuis l'origine de la machine.

M. Perier n'est pas plus exact en réduisant à 12 ou 15 pouces d'eau le produit de la machine actuelle; mais lors même qu'elle donnerait moins, M. Perier déclare « *que ce n'est point à son » auteur qu'on pourrait s'en prendre; que tout dans son ouvrage » démontre une profonde instruction jointe à une grande expé- » rience.* » Enfin il regarde cette machine comme un chef-d'œuvre de l'art *que l'on surpasserait difficilement, malgré les moyens nouveaux d'exécution qui se présentent actuellement.*

J'ai pour les talens de M. Perier tout le respect qu'ils méritent; j'oserai cependant lui demander comment un homme aussi instruit et aussi expérimenté qu'il prétend que Rennequin l'était, a pu disposer sa machine de manière que la première roue, qui devait recevoir de l'impulsion du courant une force de 29,807 livres, n'eût à employer, abstraction faite des frottemens et autres déchets, que 18,074 livres;

Que la deuxième roue perdît également 15,688 livres;

Que la troisième roue ne perdît que 5759 livres;

Tandis que la quatrième manquait au contraire de 6448 livres de la force qui lui aurait été nécessaire pour faire agir le nombre de pompes dont elle était en outre si inégalement chargée, qu'une de ses manivelles n'avait à vaincre que 15,492 livres de résistance, tandis que la seconde manivelle avait à mouvoir 32,145 livres, non compris les frottemens;

Que la cinquième roue perdait 4922 livres de force; la sixième 8766, et la septième 4059;

Que la puissance de la huitième était de 5897 livres au dessous de la résistance occasionnée par le seul poids de l'eau à élever;

Qu'il restait à la neuvième 6578 livres au dessus de sa charge ; à la dixième, 8,214 livres ; à la onzième, 4922 livres ;

Que la douzième, présentant une répetition des défauts de la 4e., manquait de 6,754 livres pour faire seulement équilibre à la pesanteur de la colonne d'eau ; qu'elle ne recevait de l'impulsion du courant que 25,391 livres de force ; tandis qu'elle devait faire mouvoir deux manivelles chargées, l'une de 15,492, et l'autre de 32,145 livres ;

Que la treizième, dont les aubes sont moitié moins longues que celles de la roue No. 1, était cependant chargée de 50,929 livres, quoique cette première roue ne le fût que de 36,148 ;

Que cette bizarrerie était encore accompagnée d'un partage inégal entre ses deux manivelles, dont l'une avait à vaincre une résistance de 31,564 livres, tandis qu'il n'en aurait été dévolu que 19,365 à l'autre : aussi en résultait-il, entre la puissance et la résistance, une différence en moins de 16,661 livres ;

Enfin, que la quatorzième roue, qui n'avait que 4 pieds et demi d'aube, fût chargée de 38,730 livres, lorsque la première, dont les aubes avaient 9 pieds, ne faisait mouvoir qu'un poids de 36,148 livres.

Une répartition de force et de résistance, faite aussi arbitrairement, peut-elle être l'ouvrage d'un homme instruit ? Ce n'est pas tout : d'après la disposition et le nombre des corps de pompes employées, il devait monter de la rivière au premier puisard 37,184 muids ; du premier puisard au second 45,899 muids ; et sur la tour 45,312. M. Perier nous expliquera sans doute par quel trait de génie, que nous n'avons pu apercevoir, Rennequin trouvait possible de ne prendre que 37,184 muids dans le premier puisard, y compris les eaux de sources recueillies à mi-côte, pour en porter 45,899 dans le second. Telles étaient au moins les dispositions prises et exécutées par ce célèbre mécanicien.

Voilà des faits que M. Perier n'a vraisemblablement pas pris la peine de reconnaître, qui n'en existaient pas moins en 1783, et que j'ai développés d'une manière irrécusable dans le second mémoire que j'ai présenté à l'Académie en 1785, mémoire qu'elle m'a proposé de faire imprimer à ses frais dans le Recueil des mémoires des savans étrangers.

Cette digression n'est point étrangère à l'objet que je traite, car il faut que M. Perier convienne ou qu'il s'est trompé sur la mesure de mérite qu'il attribue à Rennequin, ou qu'il avait intérêt à grossir prodigieusement le merveilleux de son œuvre, afin d'en pouvoir tirer la conséquence suivante :

Rennequin était le premier hydraulicien du monde ; il a produit une machine admirable, d'une grande solidité, et cependant cette machine n'a pu résister à la négligence qu'on a mise à l'entretenir ; donc on ne peut, on ne pourra jamais rien faire de mieux, de plus durable ; donc il n'y a de bonnes machines hydrauliques que les machines à feu que j'ai apportées d'Angleterre.

On verra bientôt si cette conséquence est juste. Suivons M. Perier.

« *L'expérience*, dit-il (page 2), *a démontré que l'on ne pouvoit pas charger un piston d'une colonne d'eau de 500 pieds de hauteur, sans s'exposer à voir à chaque instant la garniture de ce piston, de telle manière qu'elle soit faite, détruite par l'extrême vitesse que l'eau, pressée par un poids aussi considérable, acquiert en s'introduisant entre cette garniture et les parois intérieurs du corps de pompe.* »

J'aurais d'assez bonnes réflexions à présenter sur le raisonnement que fait ici M. Perier ; mais je veux les lui épargner, et, comme lui, je préfère invoquer l'expérience : celle que je vais citer est aussi simple que décisive. (1)

La quatorzième roue refoule l'eau d'un seul jet, depuis la rivière jusque sur la tour ; elle donne le mouvement à six pistons, dont quatre sont pleins et garnis de cuirs estampés qui souffrent déjà beaucoup par cette opération ; les deux autres sont percés de

(1) M. Perier n'aurait-il pas dû citer les expériences qu'il dit avoir faites ?

lumières et portent des clapets dont la charnière est tout simplement en cuir. Il y a 6 à 7 ans que cette machine marche, et les cuirs des pistons n'ont pas été renouvelés six fois par an ; encore ne l'ont-ils été aussi souvent que parce que, dans les tems de crues, la rivière charrie des sables qui en accélèrent l'usure.

Voilà encore un fait qui ne sera point démenti et que j'oppose à l'assertion de M. Perier ; mais, lors même que ce qu'il a hasardé serait reconnu vrai, comme on peut employer et que j'emploie dans mon projet des pistons d'un autre genre que ceux dont il parle, son objection resterait sans force.

» Toute la page 3 du premier mémoire de M. Perier tend à prouver « que *Rennequin a eu raison de croire qu'il fallait né-* » *cessairement établir des repos et des reprises pour partager en* » *trois parties la hauteur totale de la colonne d'eau; que toutes* » *les fois que l'on voudra, en supprimant ces repos, fouler l'eau* » *directement jusques au haut de la tour, tous les changemens* » *qu'on apportera au système actuel ne produiront jamais l'équi-* » *valent de la dépense qu'ils occasionneraient.* »

J'avoue qu'ici, tout en voyant très-distinctement le but que M. Perier veut atteindre, je ne puis rien concevoir à ses conclusions.

Comment espère-t-il trouver des lecteurs assez crédules pour se persuader qu'en n'établissant qu'une seule conduite depuis la rivière jusque sur la tour, en supprimant tous les renvois, toutes les chaînes, tous les balanciers laborieusement imaginés par Rennequin pour communiquer le mouvement de la machine aux pompes des puisards, on aurait à supporter une dépense plus grande que celle occasionnée par la suppression de toutes ces pièces, dont la plupart ont une assez grande valeur ?

En les supprimant, ne s'affranchit-on pas au contraire d'un entretien dont les frais sont considérables ?

N'acquiert-on pas un capital ?

Et cette crainte de ne pouvoir trouver des tuyaux capablesde résister à la pression expansive d'une colonne d'eau de 500 pieds de hauteur, de ne pouvoir parer à l'effet que la condensation et la dilatation produisent particulièrement sur les métaux; de ne pouvoir faire des joints parfaitement étanches, comment ose-t-elle se manifester, lorsqu'on a sous les yeux, depuis sept ans, l'exemple d'une mauvaise conduite en tuyaux de fer de 4 pouces, ramassés au hasard, altérés par un long service, affaiblis par la rouille, et qui cependant résiste, au moyen de quelques compensateurs que j'ai jetés çà et là sur sa route?

Cet exemple ne suffit-il pas pour rassurer complètement les esprits timides? Eh bien, qu'ils visitent le récipient d'air que j'ai formé avec de vieux tuyaux de 8 pouces de diamètre et de 10 à 11 lignes d'épaisseur : ils résistent depuis quatre ans et plus à la pression de la colonne entière; l'air même, comprimé sous le poids de quinze atmosphères, ne trouve aucune issue dans les joints, encore moins au travers des pores du métal, ainsi que quelques savans avaient paru le craindre. A la vérité, j'ai pris, en l'établissant, quelques précautions que M. Perier peut ignorer.

Tout cela n'était qu'un essai, une simple démonstration de la possibilité d'une réussite, malheureusement pour l'État, trop long-tems contestée. Que serait-ce donc si tous les soins, toutes les précautions que j'ai prises et indiquées dans mes différens mémoires, étaient employés à la confection d'une conduite neuve? Mais, il faut le dire, il faut arracher le masque, cette crainte n'est que simulée. M. Perier la reproduit souvent, parce que c'est la seule objection spécieuse qu'on puisse faire valoir avec quelque espoir de succès aux yeux de la multitude; c'est le feu sacré qu'il faut entretenir sous peine de mort : chassez cette crainte, et les pompes à feu s'évanouissent avec elle.

M. Perier dit (page 7) « *que l'établissement des machines à vapeur n'est pas très-dispendieux ; que leur entretien ne mérite pas d'être calculé ; qu'il ne faudra plus de tuyaux de conduite, puisqu'ils seront remplacés par un aqueduc qui n'exigera aucun entretien dispendieux ; que cet aqueduc, le puits et la machine à feu ne coûteront pas plus de* 600,000 *fr., et que, d'après les aperçus*

» *que l'on a des matériaux qui composent la machine actuelle, on*
» *est fondé à croire, qu'à peu de chose près, leur valeur pourrait*
» *payer cette dépense* ».

Ces assertions se trouvant répétées dans les deuxième et troisième mémoires, je me réserve à en démontrer la fausseté; mais je ne puis passer sous silence *les* 700 *pouces d'eau que M. Perier prétend être élevés par la machine de Chaillot, à* 110 *pieds de hauteur, et à raison de* 187 *francs de charbon par pouce d'eau et par an.*

Je suis véritablement fâché d'être forcé à combattre M. Perier avec des armes trop inégales; mais pourquoi me les a-t-il mises à la main?

Dans le mémoire que j'examine, M. Perier porte à 700 pouces, ou 50,400 muids en 24 heures, le produit d'une machine à Chaillot; et dans un mémoire adressé au Roi, le 22 août 1784, pour en obtenir un prêt de 1,200,000 fr., le produit de cette machine était porté à 90,000 muids dans le même espace de tems.

Je m'abstiendrai de toute réflexion sur cette prodigieuse différence, parce qu'on sait très-bien que le produit d'une machine *faite* ne se double pas au gré de l'intérêt de son auteur qui, s'il connaît son art, a dû le déterminer à l'avance; mais on voit ici qu'il est toujours avantageux de savoir se plier aux circonstances, et M. Perier me paraît posséder ce talent au besoin.

La vérité est que, d'après les dimensions du corps de pompe, et la levée du piston, cette machine n'élève que de 32 à 33,000 muids en 24 heures, *lorsqu'on veut mettre sa vitesse en rapport avec sa conservation*; et alors le pouce d'eau, d'après la consommation du charbon, revient à 282 fr. 20 c.

Quant au prix du pouce d'eau élevé sur la tour de Marly, et que M. Perier ne porte qu'à 935 fr. (page 7), il a été réellement démontré et reconnu dans la dernière assemblée, tenue chez M. de Montalivet, qu'il ne pouvait être évalué à moins de 1,500 fr.

Dans un mémoire additionnel, M. Perier, toujours fidèle à sa manière de procéder, prétend (page 9) avoir « *démontré que*

» *l'élévation de l'aqueduc, au dessus des eaux de la Seine ne* » *permettait pas de refouler l'eau d'un seul jet; que la grande lon-* » *gueur des tuyaux de conduite, placés le long de la montagne,* » *expose à des réparations continuelles, oppose une résistance consi-* » *dérable; que si la théorie* (pages 20 et 31) *le permet, l'expérience* » *le défend* (1) ».

M. Perier répète ici ce qu'il a dit plus haut; mais une simple opinion, bien que reproduite, ne sera jamais une démonstration. Il faudrait, avant tout, qu'il pût annuller les six années d'expérience que présente la petite conduite de la quatorzième roue, quelque défectueuse qu'en soit l'exécution; il faudrait qu'il eût rapporté et décrit avec exactitude la composition de la conduite que je me suis proposé d'employer dans mes projets; qu'il eût démontré l'erreur où je puis être sur sa perfection et sa solidité; qu'il eût indiqué les cas non prévus qui feraient craindre pour sa réussite; il faudrait enfin qu'il voulût bien oublier la vieille machine avec tous ses défauts, qu'on ne lui dispute pas, pour ne faire tomber ses objections que contre un projet de monter l'eau d'un seul jet, tel que je l'ai donné; mais, il faut en convenir, son but n'aurait point été rempli.

Voyons actuellement comment M. Perier prétend remédier aux inconvéniens que présente, selon lui, la continuité d'une seule conduite depuis la rivière jusque sur la tour de l'acqueduc.

J'aurai, dans tout ce qui va suivre, à implorer l'indulgence et la patience de mes lecteurs. Il n'est pas facile de suivre M. Perier dans trois mémoires à peu près semblables, quant au fond, mais qui se répètent avec des variantes insignifiantes au premier coup-d'œil, et que je ne puis cependant ne pas relever.

C'est ici que la lutte va commencer corps à corps : c'est à regret que j'entre dans la lice; mais je suis attaqué dans mon

(1) On a vu plus haut que l'expérience était d'accord avec la théorie; mais M. Perier est bien déterminé à n'en pas convenir, quoique tout le monde soit à portée de s'en convaincre.

honneur, dans mes talens, dans ma probité, les seuls biens que je possède, après quarante six ans de travaux; je ne dois point souffrir qu'ils me soient enlevés par un homme dont le nom pourrait donner quelque poids à de calomnieuses imputations.

PROJET DE M. PERIER,

Extrait de ses Mémoires.

« Pour éviter tous les obstacles (page 5), faire un établissement solide et durable, s'affranchir de toute réparation dispendieuse et de toute interruption de longue durée, il sera fait (pages 5 et 11) une prise d'eau sur la rivière, qui communiquera, par une arche de 4 pieds dans œuvre (page 17), et de trois pieds de profondeur au dessous des plus basses eaux, *sous le chemin*, à un puisard construit au bas de la montagne.

» Sur ce puisard on construira (page 17) un *petit bâtiment*, dont les proportions seront données (page 11), près et derrière le chemin. Il renfermera une machine à vapeur, de 36 pouces de diamètre, à double effet. Les deux pompes de cette machine auront 14 pouces de diamètre; elles fouleront l'eau dans un réservoir d'air, à l'instar de celui de Chaillot (1), d'où partira une conduite en tuyaux de fonte, de 14 pouces de diamètre (page 17), et de 18 pouces de diamètre (page 11), qui portera l'eau à 150 pieds de hauteur perpendiculaire, et à 100 toises de distance, dans un réservoir anciennement construit (2) (page 17).

---

(1) C'est-à-dire à l'instar de tous les réservoirs d'air devant faire ressort, connus et employés depuis des siècles, et conséquemment long-tems avant l'établissement de Chaillot.

(2) M. Perier aurait-il conçu son projet à la manière de Rennequin? Pourquoi ici une conduite de 14 pouces, et là une conduite de 18 pouces, lorsque la différence entre leurs aires est comme 196 à 324, et qu'il n'y a point eu de changement dans les dimensions du cylindre à vapeur?

» De ce réservoir il sera percé une galerie souterraine, à l'instar » des galeries des mines, laquelle sera conduite *jusqu'au pied de* » *la tour* (page 5), et *jusque sous la tour* (page 17) (*ce qui est* » *fort différent*); elle aura 4 à 5 pieds de largeur (page 6); » 5 pieds de large, et 10 pieds de haut (page 10); 3 pieds de » large seulement, et 4 pieds de profondeur d'eau (page 17), à » cause de la pente que prendra nécessairement la surface de » l'eau par l'effet des pompes placées dans le puits auquel elle » aboutira.

» *Dans l'intérieur de la tour*, dont les dimensions sont suffisantes, » ce qui économise la construction d'un bâtiment (page 17), il » sera établi une machine à vapeur, à simple effet, de 60 pouces » de diamètre au cylindre : cette machine fera marcher quatre » corps de pompes placés dans un puits qui correspondra à l'ex- » trémité de la galerie souterraine. Ces pompes seront disposées » de manière (page 18) à couper ou diviser la colonne d'eau, » qui est d'environ 350 pieds de hauteur pour atteindre le sommet » de l'aqueduc, en quatre parties, pour éviter les inconvéniens » de la trop grande pression d'une haute colonne d'eau sur les » pistons, ce qui les détruit promptement et les expose à de fré- » quentes réparations. Les dimensions de ces machines sont telles, » que la quantité d'eau qu'elles élèveront sur l'aqueduc sera de » 192 pouces d'eau en 24 heures.

» La consommation du charbon sera, pour les deux machines, » de 27,072 livres par jour, ou 11 voies et demie environ, dans » le même tems (page 18) (1).

» C'est d'après toutes ces dispositions, approuvées par le mi- » nistre (M. le comte de Champmol), que M. Perier a passé, » le 16 mai 1808, un marché pour fournir ces deux machines.

» Les travaux de terrasse et constructions nécessaires pour

(1) Onze voies et demie, à 46 fr. la voie, prix de la dernière adjudication à Chaillot, ne coûteraient que 529 fr. par jour : il a été démontré qu'on n'élèverait pas 192 pouces d'eau sur la tour à moins de 789 fr. par jour.

» placer ces machines, *quoique fort simples*, exigeaient une » *surveillance* et une *activité* que l'état de santé dans lequel je me » trouvais alors, relevant d'une maladie très-grave, ne me per» mettait pas d'y mettre; d'un autre côté, le ministre désirait » confier ce travail *aux ponts et chaussées* : je ne m'en chargeai » point (1). »

Voilà le projet de M. Perier, tel qu'il l'a conçu, présenté, développé dans trois différens mémoires : il ne peut plus s'en dédire; nous pouvons le suivre pas à pas, sans crainte d'errer. C'est lui-même qui nous conduit à la prise d'eau qui doit être voûtée, *traverser le chemin*, se rendre à un puisard, etc. : arrêtons-nous-y d'abord.

Je commencerai par faire observer que c'est le 16 mai 1808 que le marché de M. Perier a été passé; qu'à cette époque j'étais, pour la seconde fois, directeur de la machine de Marly, et que, dès le 14 mars 1807, M. le comte de Champagny, alors ministre de l'intérieur, avait pris l'arrêté suivant, que je me borne à citer textuellement, me réservant de rendre compte, *en tems opportun, et si j'y suis forcé*, de ce qui a précédé et motivé cet arrêté.

« LE MINISTRE DE L'INTÉRIEUR,

» Vu le rapport, en date du 23 février dernier, de la commis» sion chargée de l'examen des divers moyens proposés pour la » construction de la nouvelle machine de Marly, ordonnée par » l'arrêté du Gouvernement, du 13 frimaire an 11, dans lequel » elle déclare que le moyen de l'élévation de l'eau par un seul » jet, depuis la rivière jusque sur la tour, *est préférable à tout » autre*, et offre assez de certitude *d'un grand succès pour devoir » être employé dans ce moment*, et que la direction de ce travail » doit être confiée à un ingénieur *ayant une expérience consommée » dans l'exécution des travaux et des machines hydrauliques;*

(1) C'est M. Perier lui-même qui a déclaré ne point vouloir se charger de ces travaux.

ARRÊTE ce qui suit :

ARTICLE PREMIER.

« Le mécanisme de la nouvelle machine de Marly sera conçu » et exécuté de manière à refouler et à faire monter l'eau d'*un* » *seul jet*, depuis la rivière jusques au haut de la montagne de » Marly, et ce, d'après les bases indiquées au rapport de la » commission, et en se conformant, quant aux moyens d'ac- » quitter les dépenses, au cahier des charges annexé à l'arrêté » du Gouvernement du 13 frimaire an 11.

ART. II.

» M. Bralle, ingénieur hydraulicien, est nommé directeur de » la machine actuelle de Marly, et chargé de présenter un plan » de celle qui doit être exécutée.

ART. III.

» Le Préfet du Département de Seine et Oise est chargé de » l'exécution du présent arrêté ».

Le Ministre de l'Intérieur,
Signé DE CHAMPAGNY.

Les termes de cet arrêté sont précis. L'avis de la commission, composée de membres de l'Institut, de collègues de M. Perier dont ils avaient eu plusieurs fois occasion d'examiner le projet, ne laisse aucun doute sur la préférence à accorder au moyen d'élever l'eau d'un seul jet, ainsi que je l'avais proposé à M. Dangivilliers en 1783; à l'académie en 1785 et 1787, et depuis, à cinq époques différentes, en ne variant que les formes de la machine. Si on n'eût pas douté de la possibilité de l'exécution, il y aurait long-tems que mon projet serait exécuté; mais enfin cette possibilité avait été reconnue; le moyen de l'élévation de l'eau, par un seul jet, avait été déclaré *préférable* à tout autre; mes plans et devis étaient terminés; ils étaient approuvés avec éloges de la part des commissaires; j'allais mettre la main à l'œuvre lorsque M. de Champagny passa au ministère des affaires étrangères, et M. Cretet à celui de l'intérieur.

Tot capita, tot sensus, dit un ancien adage; il s'est confirmé dans cette occasion.

M. Cretet, dont au surplus je respecte la mémoire, ne tarda point à laisser percer son goût pour les machines à feu. J'en entendis parler, et le 22 octobre 1807, j'eus l'honneur de lui adresser les observations suivantes:

MONSEIGNEUR,

« On assure que votre Excellence est déterminée à proposer » à Sa Majesté l'adoption des pompes à vapeur pour remplacer » la machine de Marly, et j'ai d'autant plus lieu de le craindre » que votre Excellence elle-même m'a dit, *que si la question » était encore à agiter*, son opinion serait en leur faveur. Elle » ajouta cependant que puisque son prédécesseur en avait au- » trement ordonné, elle se plaisait à respecter ses décisions, et » elle me chargea de presser le nouveau rapport des commis- » saires sur mon projet.

» Permettez-moi donc, Monseigneur, de rappeler à votre » Excellence les dispositions où elle était alors, et de lui sou- » mettre quelques observations sur l'emploi des pompes à » vapeur (1) ».

» 1°. Chaque fois qu'il a été question du renouvellement de » la machine de Marly, et notamment lors du dernier concours » relatif à l'adjudication qui en a été faite, M. Perier a pro- » posé des pompes à vapeur, et chaque fois ce moyen a été » rejeté, après un mûr examen.

---

(1) Je rapporte cette lettre et la suivante pour faire connaître à mes lecteurs les raisons que j'invoquais contre cet établissement.

» Le cahier des charges de l'adjudication, sanctionné par Sa » Majesté, portait qu'on ne pourrait employer d'*autre moteur* » *que le courant de la rivière* sur lequel il serait établi, en aval » des empellemens actuels, un nombre de roues suffisant, etc.

» Seulement, comme on ne croyait point alors à la possibilité » d'élever l'eau d'un seul jet jusque sur la tour, on obligeait » l'entrepreneur à l'y porter en deux reprises.

» L'expérience ayant prouvé cette possibilité, M. de Cham- » pagny avait cru juste de me charger de l'exécution d'un projet » que j'avais conçu le premier, que je défendais et reproduisais » avec courage depuis plus de 25 ans, et je me suis livré à un » nouveau travail dont je me verrais à la veille de perdre le » fruit, après tant de soins, d'inquiétudes et de dépenses, si » votre Excellence persistait à donner la préférence aux pom- » pes à vapeur, *nonobstant toutes les décisions précédentes* ; »

» 2°. Des pompes à vapeur capables d'élever 100 pouces d'eau » sur l'acqueduc, consumeraient annuellement pour *au moins* » 120,000 f. de charbon, même en admettant que l'ouverture du » canal de St.-Quentin apportât une grande diminution sur le » prix courant de ce combustible (1).

» Il faut ajouter à cette somme les frais de régie, d'entretien, » de réparations, etc. ; et on ne doit pas les évaluer à moins de » 30,000 fr. par an ;

» 3°. La fumée et l'odeur insuportable que ces pompes répan- » draient dans leur voisinage feraient déserter les belles pro- » priétés qui couvrent tout le côteau de Luciennes, en diminue- » raient la valeur et conséquemment le montant des impositions » dont elles sont chargées (2) ;

---

(1) Il a été reconnu, par M. Bruyère et par une nouvelle commission, que le pouce d'eau consumerait pour 1500 fr. de charbon par an. Je le savais, mais je ne voulais pas être taxé d'exagération, même en disant la vérité.

(2) Dans une conférence particulière, M. Cretet, auquel je rappelais cette considération, me répondit : Vous êtes dans l'erreur à cet égard, comme beaucoup d'autres faiseurs de projets, qui ne manquent pas de la mettre en

» 4°. Ces pompes consommeraient un combustible précieux, » qui ne se reproduit pas, et qu'il est prudent de réserver » pour les arts et métiers qui en ont un besoin indispensable;

» 5°. Des circonstances particulières pouvant s'opposer à ce » qu'on fasse en tems opportun les approvisionnemens conve- » nables, on courrait les risques de voir les machines à feu » rester dans l'inaction.

» La possibilité de ces circonstances se trouve dans l'exemple » que nous avons sous les yeux.

» Depuis long-tems on a négligé les entretiens de la machine » actuelle, parce qu'on n'a pu y affecter environ 70,000 fr. par » an qu'ils coûtaient autrefois, on l'a laissé tomber en ruine; » cependant *elle peut encore élever de 70 à 80 pouces d'eau* » lorsqu'elle marche bien (1). *Il n'en serait pas de même de* » *machines à feu qu'on laisserait manquer de charbon et qu'on* » *n'entretiendrait pas; elles ne rendraient aucun service, et Versailles* » *serait sans eau potable.*

» 6°. Des pompes à vapeur n'offriront rien d'intéressant à l'œil » des étrangers et des curieux; elles ne remplaceront jamais » d'une manière digne du 19e. siècle un monument qui a fait

---

avant; il faut que vous sachiez que les impositions frappent un département entier, et que si telle ou telle propriété perd de sa valeur, la masse des impositions reste la même; il en résulte seulement une légère augmentation sur les autres propriétés. Je me permis de lui représenter que, d'après ce principe, et en jugeant par les extrêmes, si un département renfermait un grand nombre de manufactures, d'usines, de maisons de plaisance, etc., qui, entre elles, payassent les trois quarts des impositions, il faudrait donc, dans le cas où ces propriétés seraient anéanties et rendues à la culture, que le quart formant le surplus payât seul la masse des impositions évanouies? Il fut embarrassé, et ne me répondit pas.

(1) MM. Monge, Coulomb et Prony, dans leur rapport sur la machine de M. Baader, disent *qu'il est de fait* que, lorsqu'on veut se donner quelques soins et quelque peine pour favoriser le jeu des roues et des pompes, on lui fait encore fournir 75, 80 et même 90 pouces d'eau. Je sais, par expérience, que ces MM. n'ont dit que la vérité.

» époque sous celui de Louis XIV, et qu'on visite encore journellement avec une sorte de respect.

» S'il importe à notre gloire de faire oublier ce monument fameux, il ne lui importe pas moins que ce soit en le remplaçant par un monument du même genre, mais plus parfait.

» Les pompes à feu, telles qu'elles sont aujourd'hui, nous viennent de l'Angleterre, elles conviennent à leur pays natal ; mais en France, on ne doit les employer que lorsqu'elles ne peuvent être suppléées par aucun autre moyen ;

» 7°. On perdra l'occasion, peut être unique, de prouver les progrès de l'art hydraulique en France, en élevant de l'eau d'un seul jet à 160 mètres de hauteur, difficulté que jusqu'à présent on avait regardée comme insurmontable et que l'expérience a vaincue. En ce moment, une seule des manivelles de la plus petite roue de la machine actuelle, de celle qui est le plus désavantageusement placée (1), élève constamment sur la tour 13 pouces d'eau ; elle en élèvera 18 lorsque les corrections dont on s'occupe seront terminées (2) ;

» 8°. Une machine hydraulique, bien conçue et placée sur la rivière, élèverait avec trois roues seulement, de dimensions convenables, 100 pouces d'eau, terme moyen, sans que le moteur coûtât rien ; et des pompes à vapeur, qui dévoreraient pour au moins 120,000 fr. de charbon (150,000 f.) par an seraient préférées ! il est difficile de se le persuader ;

» 9°. En profitant des dispositions générales que j'ai données » à mon plan, on pourrait avoir également, sans augmentation

(1) Les aubes de cette roue n'ont pas 4 pieds et demi de longueur, et tout au plus 1 pied réduit de largeur ; elle est à près de 150 pieds de distance de la vanne qui lui donne de l'eau, ce qui lui fait perdre une grande quantité de l'énergie du courant.

(2) En ne promettant que 18 pouces, je voulais me réserver le plaisir de surprendre agréablement le ministre ; mes calculs m'en promettaient 22, et elle en a donné jusqu'à 23 en présence de M. Rondelet et de plusieurs autres commissaires ; mais je n'en ai toujours accusé que 22 comme maximum.

» sensible de frais annuels d'entretien, 200 pouces d'eau à Malmaison : les pompes à feu sont bien loin d'offrir le même avantage ;

» 10°. Je l'ai déjà dit, les pompes à vapeur ne présentent » qu'un établissement mesquin qu'on doit abandonner aux fabricans, aux manufacturiers, aux spéculateurs qui en retirent un bénéfice ; mais elles ne conviennent point à la majesté du trône.

» Quelque modeste que soit l'ensemble de mon projet, il porte » au moins un caractère qui annoncerait qu'un simple particulier n'en peut être le propriétaire ; il prouverait que la science » a fait un grand pas de plus vers la perfection : et qui sait » jusqu'où pourraient aller un jour les imitateurs de ce premier » exemple ?

» En vain dirait-on que la suppression de la machine de » Marly serait utile à la navigation : il serait trop aisé de démontrer combien la conservation de l'une pourrait contribuer » à l'amélioration de l'autre (1). Dans tous les cas, la navigation réclame des travaux d'art pour rétablir ou remplacer » ceux qui avaient originairement été faits et qu'on a laissé tomber de vétusté, et ils peuvent ne pas coûter plus, soit qu'on » conserve, soit qu'on détruise la machine.

» On dirait peut-être encore que les pompes à vapeurs ont l'avantage de pouvoir marcher pendant l'hiver, tandis que les glaces arrêtent les machines établies sur le cours des rivières. Mais » cet avantage disparaît lorsqu'on se rappelle qu'il existe des » réservoirs dont la capacité est plus que suffisante pour alimenter Versailles et Marly pendant les plus longues interruptions d'une machine qui élèverait journellement trois fois plus

(1) L'intérêt de la navigation, mis en avant pour favoriser le projet des pompes à vapeur, n'était qu'un prétexte ; et M. Cretet lui-même a dit hautement, sur la machine même, et en présence de témoins, qu'il se garderait bien de ne pas réserver un si beau cours-d'eau pour des usines qu'il se proposait d'y établir.

» d'eau qu'il n'en faut pour la plus grande consommation de » ces deux villes.

» Considérez encore, Monseigneur, que si par la suite on » voulait amener plus d'eau à Versailles, il ne s'agirait que d'éta- » blir autant de roues qu'on voudrait avoir de fois 30 pouces » d'eau de plus, terme moyen, ce qui n'exigerait qu'une pre- » mière mise de fonds ; tandis qu'en multipliant les pompes à » feu, on accroîtrait d'environ 40,000 fr. (45,000) par autant » de fois 30 pouces qu'on voudrait avoir de plus, la rente an- » nuelle dont on se serait déjà grevé fort inconsidérément.

» Telles sont, Monseigneur, les premières observations que j'ai » cru devoir soumettre à votre Excellence. Je les crois dignes » de toute son attention, et j'ai lieu de penser que si elles étaient » mises sous les yeux de Sa Majesté, elles fixeraient sa détermi- » nation en faveur du projet que j'ai eu l'honneur de présenter » à votre Excellence ».

Je le demande au lecteur impartial, désintéressé, qui vient de parcourir cette lettre; n'a-t-il pas été frappé de la force et de la naïve vérité des réflexions qu'elle contient? S'il hésitait encore à se ranger de mon parti, j'espère qu'il en sera bientôt un des plus zélés défenseurs, un des plus fermes appuis.

Cette lettre est restée sans réponse, on ne m'en a même point accusé la réception ; mais loin de me croire battu par le silence du ministre, j'en augurai, au contraire, qu'il était ébranlé, et que l'adoption des pompes à vapeur n'était point encore une affaire entièrement résolue dans son opinion. Je lui adressai donc, le 23 novembre suivant, de nouvelles observations que je crois devoir rapporter ici tout entières, parce qu'elles répondent à une grande partie de ce que M. Perier a avancé dans ses mémoires.

« Monseigneur,

» J'ai l'honneur d'adresser à votre Excellence de nouvelles

» observations sur l'emploi *présumé* des pompes à vapeur, en » remplacement de la machine de Marly.

» M. Perier dit hautement que chaque pouce d'eau, élevé par » l'ancienne machine, est revenu à 3,300 fr. (1), et qu'au moyen » des pompes à vapeur, il ne coûterait que 900 fr. : il y a erreur » dans l'une et l'autre de ces assertions.

» Le désordre survenu dans les papiers de l'administration de » la machine de Marly, par suite de l'adjudication qui en a été » faite à M. Hereau, auquel on les a tous remis, quoiqu'ils ne » fissent pas partie de son marché, s'est opposé à ce que j'aie pu » me procurer tous les renseignemens que je savais exister et » que j'aurais voulu réunir, tant sur les dépenses annuelles, » que sur le produit en eau de cette machine, depuis son origine » jusqu'à présent ; ce que j'en ai pu recueillir, sans de trop » longues recherches, suffira cependant pour combattre victo- » rieusement les dires de M. Perier.

» On trouve constaté, par une lettre de M. Villecerf, sous » la date de septembre 1694, et par une note de M. Lépine, » contrôleur, que la machine pouvait produire alors de 300 » à 320 pouces d'eau par jour lorsque la rivière était à une » bonne hauteur, et que les pistons étaient garnis convenable- » ment; mais comme je sais que ces circonstances ne se trouvent » pas toujours réunies, je ne porterai ici le produit moyen qu'à » 160 pouces pendant les 68 ans écoulés depuis 1691 jusqu'en » 1758, époque où la machine donnait encore bien certaine- » ment, terme moyen, près de 160 pouces par chaque jour de » l'année, ainsi qu'on le verra ci après ; et certes, c'est évaluer » le produit beaucoup au dessous de sa valeur réelle, puis- » qu'on voit, par une lettre que M. Lucas, contrôleur, écri- » vait en 1775 à M. de Montuclas, qui lui demandait des ren- » seignemens à ce sujet de la part de M. Dangevilliers, que la

(1) Dans ses mémoires imprimés, M. Perier ne l'estime plus qu'à 3000 fr.; mais qu'importe? comme on le verra bientôt.

» machine pourrait encore élever de 250 à 260 pouces, si on » n'en négligeait pas l'entretien et les réparations (1) ; mais » dès-lors elle était loin de donner ce produit, comme je le dirai » bientôt moi-même, car je ne veux rien déguiser de la vérité.

» D'après un relevé fait sur des registres authentiques, les » dépenses annuelles d'entretien de toutes espèces et les frais » d'administration se sont élevés pendant ces 68 années,

Savoir :

» De 1691 à 1700	inclusivement,	terme moyen,	à	71,394 f.
» De 1701 à 1710	*idem*,	*idem*,	à	59,742
» De 1711 à 1720	*idem*,	*idem*,	à	49,813
» De 1721 à 1730	*idem*,	*idem*,	à	75,563
» De 1731 à 1740	*idem*,	*idem*,	à	79,872
» De 1741 à 1750	*idem*,	*idem*,	à	71,804
» De 1751 à 1758	*idem*,	*idem*,	à	76,255

» La dépense totale, pendant ces 68 années, a donc été de » 4,691,920 fr., ce qui revient pour chacune d'elle à 69,000 fr. (2), » et *à 431 fr.* 25 *centimes le pouce d'eau*, à raison de 160 par » jour, ce qui, comme on le voit, est fort au dessous de 3,300 fr.

» Dans les années suivantes les dépenses ont été

SAVOIR :

» De 1759 à 1760	inclusivement,	et terme moyen	à	58,098 f.
» De 1761 à 1770	*idem*	*idem*	à	89,225

» *N. B.* Dans le courant de ces dix années il y a eu une » dépense extraordinaire de 182,184 fr.

---

(1) Dès 1775 on ne pouvait plus payer 70,065 liv. que l'entretien coûtait année commune; on a laissé dépérir la machine, et on espère pouvoir y sacrifier aujourd'hui de 150 à 200,000 fr. par an, pour le charbon seulement, et pour 100 ou 130 pouces d'eau environ! Ce serait ne pas savoir profiter des leçons de l'expérience.

(2) On a rectifié ici quelques erreurs de calcul qui s'étaient glissées dans la lettre originale, et qui ne portaient le pouce d'eau qu'à 423 fr., au lieu de 431 fr. 25 c.

» De 1771 à 1780 *idem* *idem* à 60,774
» De 1781 à 1792 *idem* *idem* à 74,350
» L'année commune de ces 34 années monte donc à une somme
» de 73,776 fr.

» La machine a élevé sur la tour, par chacun des 365 jours
» de l'année, terme moyen, les chômages compris, ainsi que le
» constatent les états qu'on a pu retrouver (1),

SAVOIR :

	pouces.	cent.		pouces.	cent.
» En 1738	127	25	» En 1779	72	30
» En 1739	116	33	» En 1780	57	80
» En 1740	125	50	» En 1781	60	73
» En 1757	106	33	» En 1782	60	″
» En 1758	105	70	» En 1783	59	75
» En 1759	93	50	» En 1784	69	46
» En 1760	93	48	» En 1785	50	33
» En 1761	72	66	» En 1786	79	80
» En 1762	90	30	» En 1787	59	60
» En 1769	105	20	» En 1788	50	″
» En 1770	90	10	» En 1793	49	77
» En 1771	112	70	» En 1794	44	71
» En 1772	77	50	» En 1795	35	63
» En 1773	73	45	» En 1802	56	″
» En 1774	95	80	» Eu 1803	32	80
» En 1775	69	80	» En 1804	30	″
» En 1776	73	10	» En 1805	33	″
» En 1777	65	33	» En 1806	33	″
» En 1778	69	42	9 p. mois de 1807	21	″

(1) Les années précédentes devaient nécessairement présenter des produits plus considérables, en raison du meilleur état de la machine ; mes calculs sont donc très-modérés.

» Le terme moyen de ces 38 années est de 71 pouces et demi » environ; et en l'appliquant aux 34 années ci-dessus, dont la » dépense moyenne s'élevait à 73,776 fr. par an, le pouce d'eau » ne reviendrait pas à 1032 fr.

» Prenant ensuite le terme moyen de la dépense des 102 années, » ainsi que le terme moyen des pouces d'eau qu'elles ont fournis, » on trouvera pour la dépense 70,591 fr. par an, et 130 pouces » un tiers pour le produit réduit de chaque jour, ce qui porte le » prix du pouce d'eau, pendant 102 ans expirés en 1792, à 540 fr. » environ, c'est-à-dire à moins du sixième de ce que M. Perier » l'a évalué.

» On ignore dans quelles sources il a puisé les renseignemens » d'après lesquels il en a fixé la valeur à 3300 fr. par an, mais » on affirme qu'elles n'étaient pas pures; tandis que les détails » dans lesquels on vient d'entrer sont extraits de registres authen- » tiques, et seuls propres à présenter la vérité dans tout son » éclat.

» Il résulte donc du dépouillement qu'on a fait de ces registres » avec un soin scrupuleux, que chaque pouce d'eau produit par » l'ancienne machine n'a coûté, dans son maximum de cherté, » que les deux tiers environ de ce qu'il coûterait en employant » des pompes à vapeur (1).

» Il est en outre extrêmement important de remarquer que » l'ancienne machine est entièrement construite en charpente; » que tous les 30 ans au moins les bois qui la composent ont dû » successivement être renouvelés; qu'elle était composée de » 14 roues, d'autant de vannes et de coursières, d'un nombre » effrayant de balanciers, de croix, de varlets, de bielles, de » traînées, de pompes, de conduites et de chaînes en fer d'en-

(1) On doit se rappeler que la commission a estimé à 1500 fr. par an la dépense, en charbon seulement, par chaque pouce d'eau; que M. Perier présentait (page 18) une machine qui devait en élever 192, et que conséquemment il en aurait coûté par an 288,000 fr. pour la consommation seule du combustible.

» viron 12,000 toises de développement; que toutes ces pièces » ont nécessairement exigé la dépense d'entretien qu'elle a coû- » tée; tandis que dans le projet que j'ai proposé, on n'aurait à » entretenir que 3 roues, 3 vannes, le fond de 3 coursières, » 12 axes de balanciers, quelques paliers, une seule conduite » et 36 pompes. Le surplus devant être construit en pierres de » taille, en fer de fonte et de forge, en cuivre et en plomb, » durerait des siècles, sans exiger de renouvellement ».

Je fais grace au lecteur du surplus de cette lettre, qui ne traite plus que d'objets qui me sont personnels.

Le 1er. décembre je reçus de M. Cretet la réponse suivante :

« J'ai reçu, Monsieur, les nouvelles observations que vous » m'avez adressées le 23 novembre dernier, sur l'emploi *pré-* » *sumé par vous* des pompes à vapeur, comparé à celui de la ma- » chine actuelle de Marly. J'ai déjà eu occasion de vous faire con- » naître que l'administration est fixée sur le choix du systême le » plus convenable, et sa détermination a dû embrasser tous les » élémens du calcul propre à donner la plus grande économie, » d'après les moyens connus.

» J'ai l'honneur de vous saluer ».

Signé Cretet.

Cette réponse insignifiante ne m'éclairait nullement sur ce que je devais penser. M. Cretet ne s'était jamais déclaré ouvertement devant moi sur l'intention où il était d'employer des pompes à vapeur : on vient de voir *si elles étaient propres à procurer la plus grande économie, d'après les moyens connus,* et si je n'étais pas fondé à concevoir encore quelque espérance. Ce ne fut que le 24 mai 1808 que cette espérance fut entièrement détruite, à la réception d'une lettre par laquelle le ministre me prévenait *qu'il se rendrait à la machine avec MM. Perier, à l'effet de reconnaître l'emplace-*

ment que devait occuper les pompes à vapeur PROJETÉES *et les travaux accessoires* (1).

Mon opinion contre les pompes à vapeur était connue ; je voyais avec une sorte d'orgueil qu'elle était partagée par tous ceux qui prenaient quelque intérêt au renouvellement de la machine de Marly, et particulièrement par M. le comte de Gavres, préfet de Versailles, qui ne dissimulait pas la crainte de voir ses administrés chargés d'un entretien auquel le gouvernement ne tarderait point à renoncer dès qu'il en connaîtrait toute l'étendue.

Des étrangers de marque, des savans, des amis même de M. Cretet ne cessaient de témoigner leur surprise en voyant préférer une machine ruineuse et de nul apparat, au procédé simple et gratuit que la 14e. roue, quoique très-imparfaite, présentait néanmoins à leurs yeux, en versant avec calme, avec une continuité parfaite, 22 pouces d'eau largement mesurés.

Ce ministre resta sourd à leurs observations, comme il l'avait été aux miennes ; il finit par me dire un jour :

« M. Bralle, toutes vos raisons peuvent être bonnes ; mais j'ai » les miennes pour préférer les pompes à vapeur à tout autre » moyen ; ainsi n'en parlons plus, je vous prie.

» Comme je vous connais de longue date, que j'ai confiance » en vos talens et en votre probité, je vous demande si vous » consentez à diriger tous les travaux de construction relatifs » à l'établissement que j'ai adopté. Je suis persuadé que votre » opinion n'influera en rien sur ce que vous prescrira votre » conscience (2) ».

---

(1) Ce n'est que le 24 mai que M. Cretet me parla clairement des pompes à vapeur *projetées*, et le marché passé avec M. Perier, pour leur exécution, avait été signé le 16 : elles étaient donc décidées.

(2) J'avais eu plusieurs occasions d'être d'opinions opposées à celles de M. Cretet dans différentes affaires soumises au conseil d'État, avant qu'il parvînt au ministère : mon avis l'avait emporté quelquefois ; et lorsque j'appris qu'il y était nommé, je ne pus me défendre de la crainte d'en éprouver quelque fâcheux ressouvenir. Je fus donc très-agréablement surpris de le voir interrompre

On pense bien que j'acceptai avec reconnaissance la nouvelle preuve de confiance dont son Excellence voulait bien m'honorer, et j'en reçus deux lettres officielles qui me répétaient ses offres et ma nomination.

De ce moment, j'abjurai toute prévention; j'oubliai mes opinions particulières, et je me renfermai strictement et de bonne foi dans les bornes de mon devoir.

Le 14 juin 1808, je reçus une instruction sur les premières opérations dont j'aurais à m'occuper. Elle était terminée par ces mots : « Je me fonde, Monsieur, sur votre zèle et votre in-» telligence pour des travaux qui probablement seront poussés » avec activité, *dès qu'ils auront été définitivement arrêtés.* »

Je me rendis chez MM. Perier pour me concerter avec eux; M. Perier l'aîné était à Douay; M. Perier des Garennes était à Cherbourg. J'écrivis à ce dernier le 22 juin pour l'inviter à se rendre sur les lieux lorsqu'il serait de retour à Paris, afin d'arrêter la direction de la galerie souterraine, l'emplacement des pompes, les plans, coupes et élévation de la machine à double effet dont j'avais besoin pour projeter le bâtiment qui devait la recevoir, ainsi que l'aqueduc qui l'alimenterait.

J'avais, dans l'intervalle et en attendant le retour de MM. Pe-

---

M. de Champagny, qui lui témoignait la satisfaction qu'il avait eue de ma conduite et de mes services, en lui disant :

« Je connais M. Bralle depuis long-tems; je lui rends toute la justice qui » lui est due, et je n'ai qu'une chose à lui demander, c'est d'oublier que dans » plusieurs circonstances nous avons été d'opinions contraires. Il a défendu » les siennes; je ne l'en estime que davantage ». Puis se tournant vers moi: « Vous pouvez être parfaitement tranquille; je vous prouverai que vous n'avez » rien perdu de ma confiance ».

La modestie me défendait peut-être de citer ce trait; mais il fait trop d'honneur au caractère et à la mémoire de M. Cretet pour que je ne le rapporte pas ici : il était d'ailleurs connu depuis long-tems, et il contraste tellement avec ce que M. Perier voudrait insinuer sur ma moralité, que je n'ai pu résister au besoin de ne rien perdre dans l'estime des honnêtes gens.

rier, fait lever le plan de la tour, qui ne se trouvait pas conforme à celui qu'il m'avait donné : je l'adressai au ministre le 22 juin.

J'avais également fait lever sur une très-grande échelle le plan des terrains environnant l'endroit où devait être placé le bâtiment, près le chemin de St.-Germain en Laye.

Le 9 juillet, le grand puits entamé dans la tour était à 11 pieds de profondeur; j'en rendis compte au ministre, en même tems que je le prévenais que la ligne de la galerie souterraine passant à travers des terrains particuliers, il convenait de traiter avec leurs propriétaires, soit pour acquérir ces terrains, soit pour obtenir le droit de passage.

M. Perier l'aîné étant de retour, je le vis le vendredi 5 juillet; ses plans étaient à peine commencés.

Le 3 août M. Perier m'invita de nouveau à passer chez lui; je m'y rendis, ses plans étaient encore à-peu-près dans le même état, et ce qu'il est bon de remarquer, c'est que M. Perier des Garennes était absent.

Enfin le 10 août j'en reçus une lettre qui me prévenait qu'il irait à la machine le vendredi 12, qu'*il y porterait les plans nécessaires pour commencer* les travaux près la rivière, *et que nous pourrions fixer définitivement* l'emplacement du bâtiment sur le terrain (1).

Il m'annonçait en même tems que, d'après l'ordre du ministre, il avait écrit à Liége pour en faire venir des ouvriers mineurs que je n'avais point demandés. Bien certainement le ministre n'aurait point appelé ces ouvriers si M. Perier, qui voulait sans doute m'ôter le mérite du succès dans des opérations qu'il commençait enfin à reconnaître plus difficiles qu'il ne l'avait imaginé

(1) On a vu que la décision du ministre était du 16 mai, et le 12 août seulement M. Perier devait me remettre des plans! mais ils n'étaient point encore terminés à cette époque : c'était M. des Garennes qui les faisait, et il ne put me les livrer qu'en décembre. Tous ces retards m'étaient-ils imputables?

dans son cabinet, ne se fut empressé de lui en suggérer l'idée. Il dit (page 21) que le puits de la tour a été manqué, parce que les travaux ont été suspendus au moment où l'eau s'est montrée.

Ce puits, dans lequel M. de Montalivet est descendu, a plus de 200 pieds de profondeur, loin d'avoir été manqué, a été conduit jusque sur le roc vif sans qu'il soit arrivé le moindre accident. Les éboulemens de sable qui ont eu lieu étaient faciles à prévoir, mais il était impossible de les prévenir. Tout ce qu'il y avait à faire était de remplir les vides dès qu'ils se formaient, et c'est une attention à laquelle je n'ai point manqué. Les mineurs de Valenciennes (car ce ne sont point les liégeois envoyés par M. Perier, qui ont creusé ce puits) étaient les premiers à dire qu'ils n'avaient jamais rencontré de difficultés semblables; et, dans la vérité, il est très-rare, si même il y en a des exemples, d'avoir à passer un banc de sable extrêmement tenu, de 95 pieds d'épaisseur, et d'y rencontrer trois niveaux d'eau. Quant aux moyens employés pour vaincre ces difficultés, ils m'appartiennent tout entiers.

J'ai trouvé dans ces ouvriers de l'intelligence, du zèle, de de l'habitude dans ce genre de travail, et ils m'ont été très-utiles, comme le sont à M. Perier, d'excellens forgerons, de bons mouleurs, des fondeurs intelligens, dirigés par M. des Garennes, et sans lesquels il n'exécuterait pas ses machines. Je le lui demande, trouverait-il juste qu'on leur attribuât le mérite de ses productions? Tout ingénieur, tout architecte a besoin de conducteurs et d'ouvriers intelligens, et c'est encore un talent de bien les savoir choisir.

La réunion proposée par M. Perier eut lieu; *il arrêta lui même, sur place et sur le plan que j'avais fait lever, la ligne de la face du bâtiment* et la direction de l'aqueduc de prise d'eau.

Le 17 août, M. Cretet me fit passer un arrêté ainsi conçu :

Vu les plans *concertés entre MM. Perier et Bralle*, pour le placement de la machine de Marly auprès de la rivière, et pour la prise d'eau dans la rivière, le projet demeure arrêté *sur la minute qui m'a été présentée, et sauf la mise au net. M. Bralle est autorisé à commencer les travaux sans retard, à commander des approvisionnemens*, à faire des devis, etc. (1)

Je n'avais point négligé les autres travaux. A cet époque le grand puits était à 23 pieds de profondeur; il y en avait 8 pieds de boisés, et les sables dans lesquels on s'enfonçait annonçaient déjà l'approche de l'eau.

Quant au puits à ouvrir près du réservoir à mi-côte, comme il se trouvait placé sur un terrain qui n'appartenait point à l'administration, j'avais reçu une opposition de la part du propriétaire; je l'avais transmise à M. le Préfet de Seine et Oise, et j'attendais le résultat du travail des experts qu'il avait nommés.

J'avais fait part au ministre des craintes que m'inspirait la coupure de la grande route, que je savais n'être formée que de remblais.

Le 9 septembre je n'avais point encore les plans arrêtés de la machine du bas, je ne pouvais conséquemment m'occuper de ceux du bâtiment; cependant les fouilles pour la prise d'eau étaient entamées.

Le 14 suivant, la route de Saint-Germain était coupée; on y établissait un pont provisoire, qui a été terminé dans la même journée. On tirait de la meulière dans les plaines de Noisy, indépendamment de celle que je faisais arriver des environs et par bateau.

Le 25 le puits de la grande tour, le seul auquel je pouvais faire travailler, était à 47 pieds de profondeur. Les ouvriers liégeois étaient arrivés dans la matinée du même jour, et j'invitais le ministre à presser l'acquisition des terrains sur lesquels

(1) L'opération était donc arrêtée, entamée de concert avec M. Perier, avant qu'aucune sonde, aucun devis ne fussent faits; et si j'ai quelque tort à me reprocher, c'est d'avoir cédé trop tôt aux désirs du ministre et à l'empressement de M. Perier. On voit encore dans cet arrêté que ce n'est que sur la fin d'août que j'ai reçu les ordres de faire des approvisionnemens et de m'occuper des détails de construction de la prise d'eau.

les autres puits devaient être ouverts, afin de pouvoir leur donner de l'occupation. Je le prévenais en même tems du besoin d'argent que j'éprouvais pour entretenir l'activité des entrepreneurs.

M. Barnoin, associé de MM. Perier, et *qui venait très-souvent visiter mes travaux*, m'écrivit le 26, relativement aux ouvriers légeois :

« Quant à la possibilité de les employer de suite, je ne la con-
» çois pas plus que vous, Monsieur, *tant que vous ne pourrez*
» *ouvrir un nouveau puits*, ou entamer la galerie (1). »

Il terminait sa lettre en me prévenant que M. des Garennes se proposait de me venir voir à Marly vers la fin de la semaine, et je l'attendis.

Le 28, je rendois compte à M. Cretet de l'arrivée des liégeois, et de ce qu'ils pensaient des travaux pour lesquels on les avait appelés.

« Lorsqu'on nous a envoyés ici, disaient-ils, nous croyions
» avoir un roc à percer, des mines à faire jouer, travail qui
» nous est familier et auquel *seul* nous sommes propres ; mais
» pour fouiller dans des sables coulans et noyés, nous n'y en-
» tendons rien, c'est l'affaire des cuveleurs. »

Je les rassurai sur leurs craintes en leur faisant voir comment je menais l'ouverture du grand puits. Sur ma promesse de les guider ils consentirent à se charger seuls du second puits, après que j'eus pris vis-à-vis du propriétaire du terrain l'engagement personnel de l'indemniser à dire d'experts choisis par lui, dans le cas où il ne serait pas content de l'estimation qui serait faite par ceux que M. le préfet de Versailles avait nommés, et dont la lenteur me désespérait.

(1) Je l'ai déjà dit, je ne pouvais ni l'un ni l'autre avant que l'administration eût acquis les terrains sur lesquels ils devaient être ouverts. Je sens combien tous ces détails doivent être fastidieux pour le lecteur ; mais il m'importe de prouver que les lenteurs dont se plaint M. Perier, et dont il était lui-même une des principales causes, ne provenaient nullement de mon fait.

J'informais en même tems le ministre des motifs qui m'avaient déterminé dans le choix de l'emplacement de ce puits.

J'engageai les liégeois à employer leur manière ordinaire de boiser, mais ils s'y refusèrent en avouant que les sables leur faisaient peur ; qu'ils ne connaissaient rien de mieux que ce que j'avais ordonné, et qu'ils étaient incapables de me donner aucune meilleure idée à cet égard. Ces liégeois m'ont été très-utiles ; ils étaient grands travailleurs, fort dociles ; ce sont eux qui, après avoir creusé le second puits jusqu'à l'eau, percèrent la galerie dans un sable glaiseux, bien autrement difficile à traiter que le roc le plus dur (1).

Le 2 octobre, des lézardes s'ouvrirent pendant la nuit sur divers points du pied de la montagne, *et confirmèrent les craintes que j'avais manifestées sur le projet de couper le grand chemin et de fouiller à plus de 30 pieds de bas dans ce terrain sans consistance*, gissant sur des lits de glaise, et détrempé par des sources.

Pour prévenir les accidens que je redoutais, j'obtins l'ordre d'intercepter la route de St.-Germain aux diligences, rouliers et autres grosses voitures, et de les faire passer par le Pecq ;

---

(1) M. Perier (pages 5 et 9) ne cite au nombre des objections qui ont été faites contre son projet, que la dureté des bancs de pierre qu'on aurait à percer ; et il cite, pour détruire ces objections, dont je n'ai jamais entendu parler, l'exemple des galeries de mines que l'on ouvre dans le roc le plus dur. Mais ce n'était point un roc qui s'opposait à l'exécution de son projet ; la nature de la pierre était connue : c'était au contraire un banc de sable limoneux, détrempé par des sources assez abondantes, dans lequel on ne pouvait fouiller en avant plus de deux pieds sans être obligé de le contenir par des étrésillons et des madriers, en attendant qu'on pût poser le boisage, opération qui ne s'exécutait qu'avec beaucoup d'adresse, de précautions et de célérité. Ce sable, qui contenait une grande quantité de coquillages de mer, ne présentait d'ailleurs aucune solidité pour asseoir les fondations d'une galerie maçonnée qui devait résister tout à la fois au poids de la masse qu'elle aurait eu à supporter, et à la pression latérale exercée par ces sables, pression dont il paraît que M. Perier n'a pas la moindre idée.

je fis ensuite tout ce que l'art pouvait m'indiquer pour rassurer le pont et contenir la route ; j'en vins à bout en forçant de travail nuit et jour, et sans qu'un seul ouvrier fût blessé.

Le 17 novembre, le grand puits de la tour était à 80 pieds de profondeur, et toujours dans un sable très-difficile à contenir.

L'extraction des terres devenant trop lente et trop pénible avec un simple singe, et l'extration de l'eau devant bientôt marcher avec elle, je fis établir des manéges à bras d'hommes, au moyen desquels on pourrait enlever des sceaux ou caisses du poids de 1000 à 1500 livres, et mes précautions à cet égard furent bientôt justifiées, lorsqu'il fut reconnu que ces manéges suffisaient à peine à l'enlèvement des sables, de l'eau et des quartiers de roche que je savais bien devoir rencontrer à une certaine profondeur, et que deux ateliers établis dans chaque puits exploitaient à la fois.

Au lieu de parler du mécanisme que j'avais employé pour empêcher le ripement, et par suite l'usure des cables, M. Perier (page 22) se plaît à peindre comme de beaux bâtimens les simples angars que j'avais fait construire pour mettre à l'abri des intempéries de l'air et des saisons 20 à 25 ouvriers qui, jour et nuit, travaillaient dans chaque puits.

« Dans les mines, dit M. Perier, on se sert ordinairement » d'une hutte couverte en paille, d'un treuil à deux manivelles; » et au lieu de ces caisses en bois qui exigent de donner aux » puits beaucoup plus de diamètre qu'il est nécessaire, on se » sert de petites manes qui n'ont que 16 à 18 pouces de diamè- » tre. Enfin, ayant construit ces grands angars (qu'il n'appèle » plus de beaux bâtimens, et auquel il veut bien restituer leur » véritable nom), il fallait au moins faire tourner les tambours » sur lesquels s'enroulent les cordes, par des chevaux, ce qui » aurait été moins dispendieux ; on a donné d'ailleurs *infiniment* » trop de diamètre aux puits, qui, n'*étant que provisoires*, ne » doivent avoir que 4 pieds au plus ».

Il m'est facile de démontrer que dans tout ce que M. Perier

vient d'avancer aussi légèrement, il s'est laissé aveugler entièrement par la passion, et qu'il s'est livré tout entier au désir de rejeter sur moi tout ce que son projet avait d'extravagant.

Je ne parlerai point des angars ; M. Cretet, qu'on avait prévenu contre eux, m'en fit d'abord des reproches avant de s'être rendu sur les lieux ; il les approuva bientôt après les avoir vus, et surtout après m'avoir entendu ; mais les treuils à deux manivelles, et les petits paniers, de 16 à 18 pouces, pour extraire tout-à-la-fois des sables, des pierres et surtout de l'eau, à une profondeur de 2 à 300 pieds, ont-ils pu être proposés sérieusement par M. Perier, comme devant suffire au travail de deux ateliers de mineurs dans chaque puits ? Peut-il ignorer que ces moyens ont été employés dès l'ouverture des travaux ? s'ils eussent été reconnus suffisans, n'en aurai-je pas continué l'usage ? Mais j'ai dû prévoir et j'ai prévu en effet que lorsqu'on serait parvenu au niveau de la galerie, dont le percement devait être mené avec toute l'activité possible, on aurait à extraire, à chaque voyage, depuis 1000 jusques à 1500 livres pesant de sable, de roche et d'eau ; que cette extraction devait être faite dans le moins de tems possible, et l'expérience a prouvé que mes calculs, loin d'être forcés, étaient au contraire très-souvent au dessous des besoins qu'on ne satisfaisait qu'en doublant l'activité des manéges. Si M. Perier me trouve en cela quelque tort, je le confesserai, mais ne m'en accuserai point.

« En me reprochant (page 22) de n'avoir pas employé des » chevaux aux manéges préférablement à des hommes, M. Perier » prouve encore qu'il n'a aucune connaissance des différentes » manœuvres auxquelles ces manéges étaient destinés ».

Il ne faut pas une grande expérience pour savoir que des chevaux peuvent, dans certains cas, être utilement appliqués à un manége, mais il en faut un peu pour connaître les inconveniens qui résulteraient de leur emploi fait inconsidérément ; et c'est parce que j'avais ce peu d'expérience que je ne m'en suis pas servi.

M. Perier n'est pas mieux fondé en attribuant à la grandeur des caisses en bois, que j'ai cru devoir substituer à ses petites mannes, le diamètre de la fouille des puits, qu'il prétend avoir été « beau» coup trop grand, et d'autant plus grand, que ces puits, *n'étant » que provisoires*, n'exigeaient pas plus de 4 pieds ».

En parlant ainsi (page 22), M. Perier oublie que (page 12) il articule nettement que « dans la longeur de la galerie il y aura » *trois puits, outre celui de la machine de la tour*, sauf *ceux que » l'on jugera à propos de faire, dans les intervalles, pour faciliter, » et accélérer les fouilles, lesquels seront comblés ensuite* ».

En voilà donc de bon compte quatre qui entraient dans les plans de M. Perier; et ces puits étaient si peu provisoires, qu'il a soin de recommander d'observer, « *dans la construction de la galerie,* » une pente d'une demi-ligne par toise, *à partir du milieu de l'in» tervalle d'un puits à l'autre,* pour que l'on puisse facilement la » nettoyer et faire écouler la vase *dans les fosses ou puisards qui » seront construits sous ces puits* ».

A la vérité j'en ai ouvert cinq, y compris celui de la tour, c'est-à-dire un de plus *que les quatre indiqués par M. Perier lui-même comme devant être conservés;* mais en cela je n'ai point abusé de la permission qu'il avait donnée d'en ouvrir, outre les quatre, autant qu'il serait jugé nécessaire pour faciliter et accélérer les travaux. J'en ai ouvert cinq, parce que, obligé de passer sous des propriétés closes de murs, je n'aurais pas pû en espacer quatre à distances à peu près égales entr'eux, et que le percement de la galerie, n'aurait pas été poussé uniformément entre chaque puits (1). Tous mes soins tendaient à ce que l'ensemble du projet pût être terminé simultanément, et mes mesures

(1) Les quatre puits au dessous de la tour n'auraient eu que 4 pieds dans œuvre: mais en parlant du diamètre des fouilles (page 29), M. Perier croit sans doute ne devoir compter pour rien l'épaisseur des murs et celle des boisages, qui n'emportaient pas ensemble moins de 6 pieds: les fouilles devaient donc avoir au moins 10 pieds de diamètre.

étaient si bien prises que j'y serais parvenu. En quoi importait-il à M. Perier que le bâtiment de la machine basse et le puits de la tour fussent construits, que ses machines fussent posées avant que la galerie fût entièrement terminée ? Je pourrais le dire ; mais je me suis fait un devoir de ne rien avancer que la preuve à la main, et la pensée de M. Perier ne peut être mise sous les yeux du lecteur.

« Il a vu, dit-il (page 22), un approvisionnement de ma-» tériaux très-considérable, de pierres de taille ; elles étaient » taillées, à ce qu'il assure, depuis près d'un an pour la cons-» truction des puits ; il lui paraît difficile, *pour ne pas dire impo-» sible*, de les employer ; elles sont d'une dimension beaucoup » trop forte pour pouvoir même les descendre à une aussi » grande profondeur : la fondation du puits de la tour doit » être établie sur un rouet de charpente : la maçonnerie en » devait être faite avec des petites pierres de taille, ou des » moëllons piqués, jusques au dessus de l'ouverture de la galerie ; » le reste aurait été bâti en meulière ».

Si j'ai fait de grands approvisionnemens, tant en pierres de taille qu'en meulières, M. Perier devrait-il m'en faire un reproche ? ne devrait-il pas, au contraire, y voir une intention bien prononcée, bien louable, de pousser les travaux avec toute l'activité possible, lorsqu'on serait en état d'entamer la maçonnerie.

Il trouve trop grandes les dimensions des pierres destinées à former les premières assises de la fondation des puits ; il aurait donc été bien plus étonné s'il eût trouvé chaque assise d'un seul morceau, ainsi que j'aurais voulu le faire si la chose eût été possible. Quant à la difficulté de les descendre, on trouvera sans doute fort extraordinaire qu'un mécanicien tel que M. Perier ait pu seulement l'entrevoir (1).

On lit dans son troisième mémoire (page 25) « que s'il eût

(1) Le puits de la tour devait avoir 8 pieds, *dans œuvre*, et chaque assise

» pu penser que la partie *accessoire* de son projet, qui était les » travaux de terrasse et maçonnerie nécessaires pour placer ses » machines, dût renverser et annuller la principale, il n'aurait » pas *consenti* qu'un autre que lui en fût chargé (page 33). Il se » reproche de ne s'être pas chargé de la totalité de son exécu- » tion et d'avoir *consenti* que le ministre fît faire les travaux » nécessaires pour le placement de ses machines, par les ponts » et chaussées; (s'il fallait l'en croire) il n'aurait eu besoin » d'aucun secours étranger, ni d'aucun ingénieur et architecte, » lorsqu'il construisit l'établissement des eaux de Paris, qui pré- » sentait beaucoup de difficultés; celui du Gros-Caillou, les » moulins à vapeur de l'Isle des Cygnes, la fonderie du Creuzot, » celle de Liége, etc. »

J'aime mieux accuser la mémoire de M. Perier, que son grand âge et ses infirmités ont sans doute affaiblie, que de l'accuser d'une jactance qui serait impardonnable. Je lui rappellerai donc, puisqu'il paraît l'avoir oublié, que c'est aux soins et au talent de M. Aubert l'aîné, et aux dessins de M. Bélanger, qu'il doit la construction des bâtimens de l'établissement de Chaillot, que c'est encore à M. Bélanger, son ami, et envers lequel il témoigne ici de l'ingratitude, qu'il doit le joli monument des pompes du Gros-Caillou; que c'est enfin M. Bélanger qui a conçu, dirigé et fait exécuter le bâtiment des pompes à vapeur projetées sur la rive gauche de la Seine, près la Gare. Quant au moulins de l'Isle des Cygnes, à la fonderie du Creuzot, à celle de Liége, etc. j'ignore à qui M. Perier peut les devoir, mais j'oserai affirmer qu'il les doit à quelqu'un; et s'il fallait recourir aux preuves, M. Perier me les fournirait lui-même (1).

---

est composée de 6 morceaux; qu'on juge d'après cela combien les craintes de M. Perier sont fondées! Quant au rouet de charpente, il est fâcheux que cet habile critique ne l'ait pas vu : il n'aurait pas manqué de m'imputer à crime de l'avoir tenu prêt à l'avance.

(1) M. Perier, en parlant de son projet, s'exprime ainsi (page 44) : « Ce » projet, médité depuis plus de 25 ans, examiné et *accueilli par l'académie*

Que M. Perier ne s'y trompe pas, la partie de son projet qu'il veut bien ne regarder que comme accessoire, en est bien véritablement la partie principale, car c'est en elle seule que consiste tout le projet et toutes les difficultés de son exécution.

Si le projet de M. Perier avait quelque mérite, ne serait-ce pas précisément en ce qu'il s'écarte de tout ce qui a été fait dans ce genre? S'il ne s'agissait que de monter de l'eau avec une ou

---

» *des sciences*, présenté par un homme déjà connu par des succès, et qui depuis » en a *constamment* obtenu *dans toutes les entreprises* dont il a été chargé, » soit pour *le Gouvernement*, soit pour *des particuliers*, devait *peut-être* lui » mériter quelque confiance ».

Je veux bien accorder le *peut-être*; mais en vérité il y a encore ici quelque défaut de mémoire : M. Perier oublie qu'il a manqué net la machine qu'il avait établie sur la Seine, au bas des jardins de Bagatelles, et qui devait leur fournir une immense quantité d'eau. J'avais, sur le vu des pièces, condamné cette machine à un repos absolu, et mon jugement, signé de moi, dans le cabinet de M. de Sainte-Foy qui me consultait, n'a été malheureusement que trop bien confirmé; la roue restait inébranlable, à moins que sept à huit suisses, qu'on avait appelés à son secours, ne grimpassent sur les aubes comme des écureuils, encore ne montait-il qu'un filet d'eau imperceptible. Il a fallu, pour couvrir cette bévue, dont M. Perier a payé seul les frais, la remplacer par une machine à feu.

M. Perier oublie encore qu'ayant voulu se charger de faire les pompes des bains Vigier, que je devais construire, et lui ayant cédé le pas, il présenta un projet que je discutai avec lui chez M. Vigier même, en présence de témoins; qu'il fit et refit à plusieurs reprises des calculs très-savans pour prouver que sa machine, en n'employant que 12 hommes, monterait 3 à 400 muids par heure, tandis que je prétendais qu'elle n'en monterait pas 50, ce que l'expérience a prouvé; qu'il finit la discussion en disant, avec ce ton de supériorité qu'il sait si bien prendre, que chacun avait sa manière de calculer, et qu'il était sûr de la sienne. J'affirmai à M. Vigier qu'il ne réussirait pas, et je fus encore une fois prophête de malheur. Il y avait un marché passé; ce marché n'ayant pas été rempli de la part de M. Perier, il en advint un petit procès dans lequel il fut condamné à dire d'experts.

Je n'ai pas l'honneur d'être membre de l'institut; mais les pompes que j'ai substituées aux siennes ont parfaitement réussi; c'est ce qu'il est facile de vérifier, car je n'avance jamais que des faits.

deux pompes à vapeur, et de faire dégorger cette eau dans des réservoirs, il n'y aurait plus rien de neuf dans un tel projet; on trouverait facilement des mécaniciens pour l'exécuter, et à leur défaut l'Angleterre possède encore des maîtres dont M. Perier est le disciple; mais avoir conçu l'idée d'employer d'abord une première pompe pour élever l'eau au tiers seulement de la hauteur à laquelle elle devait parvenir, tandis qu'elle aurait pu franchir le trajet entier; promener ensuite mystérieusement cette eau dans la profondeur et l'obscurité d'une longue galerie souterraine, recouverte d'une masse de terre de 300 pieds; la reprendre et l'enlever de toute cette profondeur à 75 pieds au dessus du sol, avec un bruit, un fracas digne de figurer dans les romans à la mode, voilà ce qu'on appèle un de ces traits de génie rares qui distinguent un homme d'un autre, et dont les siè le sont heureusement très-avares.

Ce qu'il y a de plus merveilleux dans ce projet, c'est que toutes les difficultés d'exécution s'y trouvaient réunies comme de concert, sans que l'auteur s'en fût aperçu le moins du monde; et cependant, M. Perier vous le dit, ce ne sont que de simples accessoires dont sa dignité ne lui permettait pas de s'occuper.

Je fus donc chargé de l'exécution de ces accessoires, et c'est de moi dont parle M. Perier (page 25) en termes aussi mesurés qu'obligeans. « M. Bralle, y est-il dit, ingénieur en chef des » ponts et chaussées, et directeur de la machine de Marly, » a dirigé ces travaux; mais cet ingénieur, peu exercé dans ce » genre de construction (1), avait sans doute *besoin de mes con-*

(1) M. Perier paraît ignorer que j'ai été chargé en différens tems, soit de l'inspection, soit de la direction de plus de 8000 toises de galeries souterraines, et du creusement de plus de 100 puits dans toutes sortes de terrains (*); que c'est moi qui, à St.-Leu-Taverny, ai trouvé le moyen d'exécuter un aqueduc

(*) Je citerai un de ces puits fait *dans la ville basse*, à Amiens, et dans lequel, à 80 pieds de profondeur, on a trouvé une souche d'arbre tenant à ses racines, et sur laquelle on distinguait parfaitement tous les coups de hache qui l'avaient séparée du tronc. Je laisse aux géologues à nous dire la date de la naissance de cet arbre.

» *seils* et *devait recevoir mes instructions*, ce qu'*il n'a jamais voulu* » *faire*. Il ne paraissait pas d'ailleurs naturel de le voir diriger » ces travaux, parce qu'ayant présenté une machine de son in- » vention, pour le même objet, il pouvait conserver l'espérance » de la voir un jour adoptée, et on ne devait pas attendre de lui » le zèle et l'activité nécessaires. Cette réflexion tardive me fut » faite par le ministre lui-même (1).

» M. Bralle a donc commencé les travaux ; mais au lieu de me » communiquer ses dispositions, *il a voulu mettre du sien* dans » ce projet. Il correspondait directement avec le ministre. Son » Excellence me renvoyait ses observations et ses mémoires » pour y faire mes réponses, ce qui prenait beaucoup de tems. » Une année entière s'est écoulée à faire des approvisionne- » mens *prématurés*, à construire des *bâtimens provisoires et inu-* » *tiles* (2), des charpentes pour abriter les ouvriers qui devaient » fouiller les puits et la galerie, à faire un bâtardeau de 7 pieds » d'épaisseur pour construire la prise d'eau à la rivière (3).

---

dans des sables bouillans, qu'on avait abandonnés à trois reprises différentes, et fort heureusement, car de la manière dont on s'y était pris, toute la montagne serait descendue dans la vallée ; que j'ai été pendant plusieurs années inspecteur particulier, puis inspecteur général des travaux des carrières du département de la Seine. Je pardonne encore cette ignorance à M. Perier ; mais réellement il me semble que, pour son propre honneur, il aurait dû prendre quelques renseignemens avant de m'attaquer aussi légèrement.

(1) Si M. Cretet eût fait de lui-même cette réflexion, s'il eût conçu quelque doute sur mon zèle et mon dévouement, aurait-il approuvé tout ce que j'avais fait, tout ce que je faisais, lui qui ne déguisait point son extrême désir de voir terminer promptement cette hasardeuse entreprise ? Non, M. Cretet n'a point dit cela, il n'a pu le dire, parce qu'il a tout vu, tout examiné par lui-même, et qu'il m'a rendu justice contre tout ce que M. Perier lui suggérait.

Quant à l'espérance de voir un jour mon projet adopté, je conviens que la publication des mémoires de M. Perier la fait renaître en ce moment.

(2) J'ignore absolument de quels bâtimens M. Perier veut parler, je n'en ai fait construire aucun, et je ne crains rien en l'interpellant de les indiquer.

(3) M. Perier aurait-il voulu que je ne fisse des approvisionnemens, des

» Enfin, depuis le mois de mai 1808, jusques au 16 janvier » 1811, il n'y a encore rien de construit que la tête du canal de » prise d'eau, qui encore n'est terminée qu'à la largeur du che- » min, car il a fallu rendre la voie publique praticable (1). »

M. Perier m'accuse de n'avoir jamais voulu recevoir ses *conseils* et ses instructions. C'est sans doute encore par un défaut de mémoire. J'ai de lui une foule de lettres qui me donnaient des rendez-vous, soit chez lui, soit à Marly, pour nous concerter sur les travaux, et je lui porte ici le défi le plus formel de prouver que j'aie refusé une seule fois de me rendre à ses invitations. D'autre part, j'en ai reçu un très-grand nombre de M. Perier des Garennes, son frère, ainsi que de M. Barnoin, leur associé, faisant les fonds de l'entreprise : j'atteste ici leur témoignage, et je suis assuré qu'ils ne diront ni l'un ni l'autre que jamais j'aie négligé de me trouver aux rendez-vous qu'ils m'assignaient.

Après m'être justifié sur les fausses imputations qui m'ont été faites, je dois à mon honneur et à ma réputation, de m'empresser d'avouer qu'effectivement j'ai employé tous les moyens d'ouvrir les yeux du ministre, sur les défauts essentiels du projet de M. Perier ; j'ai voulu y mettre du mien, le fait est vrai ; mais malheureusement je n'ai point été écouté.

On a vu précédemment quel était son plan ; je l'ai fidèlement

---

angars pour abriter les ouvriers, un bâtardeau, etc., qu'après l'exécution des travaux ? ne devais-je pas commencer par là ? devais-je aveuglément me laisser guider par un devis informe qui ne présentait que des masses ? ne devais-je pas attendre des décisions du ministre sur plusieurs questions que je lui adressais, et dont je rendrai compte par la suite, si la patience ne m'abandonne pas ?

(1) M. Perier compte-t-il pour rien les fouilles faites et les pieux battus pour les fondations du bâtiment, au pied de la montagne ; la construction du bâtardeau, de la tête et d'une partie de l'aqueduc de prise d'eau ; 250 toises de galerie fouillée et boisée ; 5 puits creusés sur ensemble près de 800 pieds de profondeur ; les nivellemens, les plans, les coupes et élévations ; les détails de constructions, le rétablissement du réservoir à mi-côte, etc. etc. ?

extrait de ses mémoires, et j'ai fait halte à la prise d'eau sur la rivière; mais j'y reviens.

L'auteur a voulu que cette prise d'eau fût placée sur la droite de la route de Paris à Saint-Germain-en-Laye, que le bâtiment destiné à recevoir la première pompe à vapeur fût placé sur la gauche de cette route, et à 12 toises 5 pieds 3 pouces de son milieu (1).

C'est lui-même qui a déterminé, en présence de plusieurs témoins, la ligne du mur de face de ce bâtiment, sur un grand plan que j'avais fait faire exprès, et que je possède encore. Je crois l'avoir déjà dit, mais il est bon de le répéter.

C'est en vain que, dans une de mes lettres au ministre, je m'élevai contre le choix de cet emplacement; que je représentai qu'il entraînerait à des fouilles de 20 mètres de profondeur, dans une montagne dont le pied repose sur des terrains rapportés ou culbutés par d'anciennes exploitations de carrières, et qui chaque année s'avance sensiblement vers le fleuve, entraînant avec elle tout ce qui repose sur sa surface; c'est en vain que je démontrai qu'on se jetterait dans des dépenses considérables d'enlèvemens de terres, d'étrésillonnemens, de pilotage et d'épuisemens qu'on pourrait épargner, en même tems qu'on épargnerait la construction de l'aqueduc, si on plaçait la machine sur la rive droite de la route, au bord de la rivière, et mieux encore dans la rivière même, parce qu'on n'est jamais plus sûr de la victoire que lorsqu'on connaît bien le caractère, les forces et la position de son ennemi.

M. Perier persista dans son projet, et l'expérience a prouvé combien de soins, de peines, d'argent et de tems on a sacrifiés pour le satisfaire. Il prétend (page 29) « qu'on a été plus d'un » an à construire le bâtardeau, *ce qui est faux*, et que, sans » deux chapelets qu'il a prêtés, *quoiqu'il n'y fût point obligé*,

---

(1) M. Perier dit (page 20) qu'en plaçant le bâtiment à 6 pieds du bord de la route, ce serait suffisant : pourquoi donc l'a-t-il voulu placer dans le tems à une aussi grande distance, malgré mes représentations ?

» on ne serait jamais parvenu à pousser les travaux de l'aque-
» duc au point où ils sont », *ce qui est encore moins exact.*

Ces chapelets, exécutés en fer fondu, se rompaient à chaque instant; loin d'avancer, ils retardaient les travaux, et j'ai été obligé d'y renoncer. M. Cécile, qui m'a succédé, n'en a point fait usage; de simples pompes en bois nous ont suffi à l'un et à l'autre. J'avais d'ailleurs préparé, pour la reprise des travaux, un équipage de deux corps de pompes, qui auraient été mises en mouvement par une des roues inutiles de l'ancienne machine, ce qui aurait réduit presque à zéro les frais d'épuisement, tandis que les chapelets de M. Perier exigeaient l'emploi de 48 hommes. Je ne sais par quel motif on n'a point fait usage de ce moyen économique pour terminer l'aqueduc.

N'ayant pu obtenir ce premier point, je fis de nouveaux efforts pour qu'au moins le bâtiment fût érigé sur un plateau naturellement disposé pour le recevoir, et très-près de la route, ainsi que M. Perier le voudrait aujourd'hui (page 20); mais je ne fus pas plus heureux dans cette dernière tentative. Il persista obstinément à ce qu'il fût construit dans le pied même de la montagne, sur l'emplacement qu'il avait indiqué. J'en appèle au témoignage de MM. Perier des Garennes, Barnoin et de Gilier, commissaire du Gouvernement, qui partageaient et mon opinion et mes regrets, de voir dépenser aussi inutilement un tems précieux et des sommes qu'on eût pu épargner, tout en facilitant et en accélérant l'exécution d'un projet dont le succès leur importait sous toutes sortes de rapports.

J'en appèle aux gens de l'art; y avait-il, dans mes propositions, rien qui pût contrarier le fond du projet de M. Perier? ne cherchai-je pas au contraire à le faire réussir en le simplifiant, en réduisant les dépenses à ce qu'exigeaient impérieusement la solidité et la durée d'un établissement de cette nature? Mais puisque je n'ai point été écouté, puisque j'ai été réduit à suivre les *conseils* et les *instructions* de M. Perier, puisque je ne me suis point écarté de ses plans, en quoi peut-il dire que j'ai nui à l'exécution de son projet?

Ai-je donné à l'aqueduc de prise d'eau plus ou moins de largeur que son plan n'en comportait? l'ai-je voulu prolonger au-delà du point qu'il m'avait assigné? n'en ai-je point placé le radier à la profondeur indiquée dans son devis?

Est-ce ma faute si M. Perier, qui ne voulait (page 17) qu'un petit bâtiment pour loger ses pompes, m'a fait ensuite remettre, par M. des Garennes, les plans d'un bâtiment de 24 pieds sur 42 de longueur dans œuvre; et si ces plans n'ont été terminés que le 17 décembre 1808, *dans une saison où il était impossible de s'en occuper?*

Lorsque j'ai jeté les premières fondations de ce bâtiment, me suis-je écarté des plans que le ministre a reconnus *avoir été concertés entre M. Perier et moi?* Qu'ai-je fait enfin qui puisse m'être attribué? Rien, absolument rien, ce dont je me félicite.

Si M. Perier, en retournant sa phrase (page 33) n'eût pas rougi de prendre les avis d'un ingénieur en chef des ponts et chaussées qui a 46 ans de service, son projet serait exécuté depuis plus de deux ans, et ses pompes à vapeur, objet de son exclusive prédilection, auraient eu les premières l'honneur de porter l'eau d'un seul jet à près de 500 pieds de hauteur. Il s'est cru plus expérimenté que moi; il s'est reproché d'avoir consenti à ce que le ministre me chargeât des travaux *accessoires*; mais je l'interpèle lui-même, ai-je employé, d'après la connaissance du terrain et des difficultés que j'avais à vaincre, une seule pierre, un seul pilot de trop? ai-je péché par excès ou par défaut de prudence? Si quelqu'un le pensait avec lui, j'aurais le droit de le prier de suspendre son jugement jusques à ce qu'il m'eût entendu, et je suis prêt à le dissuader.

Veut-on se porter au réservoir à mi-côte d'où partait la galerie souterraine? on verra que si j'osai lutter encore contre l'opinion de M. Perier, ce ne fut que pour mieux assurer la réussite de son projet, et que je ne marquai pas moins de docilité à suivre ses intentions et les décisions du ministre, que je n'en avais montré dans la première partie du projet.

Je n'avais jamais été d'avis d'ouvrir une galerie souterraine de 500 toises de longueur, et moins encore de l'ouvrir à la hauteur voulue par M. Perier. Je l'avais dit et écrit au ministre.

1°. Parce que cette galerie et cinq puits à creuser dans des sables bouillans ou dans des glaises mortes, depuis 125 jusques à 280 pieds de profondeur, n'étaient, selon moi, qu'une occasion de dépenses aussi considérables qu'inutiles ; qu'on pouvait s'en affranchir, en faisant porter l'eau par la première pompe à la moitié de la hauteur totale, et là établir une seconde pompe qui l'aurait reprise et portée jusque sur l'aqueduc, au moyen d'une conduite rampante, placée sur terre, comme celles de l'ancienne machine, mais avec les soins et les précautions requises et indiquées dans mes mémoires, pour parer à l'effet de la dilatation et de la condensation ;

2°. Parce qu'indépendamment de ces premières considérations, je prévoyais que les difficultés d'exécution, les obstacles qu'on aurait à vaincre, les lenteurs inséparablement attachées à des travaux de ce genre, ne répondraient point à l'impatience de jouir que témoignait M. Cretet.

Je ne pus parvenir à me faire entendre. *Le projet tel que l'avait conçu M. Perier* fut définitivement arrêté, et je reçus l'ordre d'ouvrir des puits, d'aller en avant sur tout le reste, sans plans, sans nivellemens, sans sondes, sans devis préalables, même sans aperçu de dépense (1), M. le comte de Champmol se reposant (me répondait-il) sur mon zèle et sur mon intelligence pour vaincre toutes les difficultés que je prévoyais.

Je fus arrêté presque dès les premiers pas, et de nouvelles représentations furent aussi infructueuses que les premières.

Il serait trop long de rapporter ici tout ce que j'écrivis au ministre pour le déterminer à abandonner la galerie ou à la reporter, tandis qu'il en était encore tems, à environ 20 pieds plus haut ou

(1) Ces diverses opérations ont été faites ensuite avec tout le soin qu'elles exigeaient.

20 pieds plus bas, afin d'éviter le banc de sable argileux dans lequel elle se trouvait placée, d'après le point de son ouverture *déterminée* par M. Perier. 20 pieds plus haut elle eût été creusée dans des bancs de pierre tendre ; 20 pieds plus bas, dans une masse de craie dont l'épaisseur s'étend au dessous du niveau de la rivière : dans l'un ou l'autre cas, la dépense eût été réduite des quatre cinquièmes au moins. C'est donc sans égard pour la vérité, et dans l'unique dessein de me nuire que M. Perier dit (page 30) :

« La commission avait l'opinion (1) que cette galerie aurait » dû être faite environ 30 pieds plus haut, parce qu'alors elle » se serait trouvée dans un banc de pierre très-friable, et qu'elle » aurait été percée plus facilement et à meilleur marché, au » lieu qu'elle se trouve dans un banc d'argile qui exige des » étançonnemens de charpente pour contenir les poussées des » terres.

» *Je conviens de cela*, continue M. Perier ; mais n'était-ce pas » à l'ingénieur à s'assurer par quelques trous de sonde de la na» ture du terrain, et il devait dire alors qu'*il ne pouvait* pas » faire la galerie (2).

» J'ai choisi ce niveau (c'est toujours M. Perier qui parle), » ne *connaissant point la nature du terrain*, pour profiter du ré-

(1) La commission n'a émis cette opinion que d'après la lecture de mes mémoires et de ma correspondance, long-tems après l'ouverture de la galerie, qui avait déjà 250 toises, et lorsque les travaux étaient suspendus. La commission a été plus loin, elle a partagé mon avis sur l'inutilité de cette galerie, qui a été comblée ainsi que les puits : c'était bien la peine d'invoquer son témoignage.

(2) Je m'étais assuré de la nature du terrain par des trous de sonde, et c'est après l'avoir reconnue que je proposai de nouveau de renoncer à la galerie, ou d'en changer le niveau : *l'ingénieur a donc fait son devoir.*

Je ne pouvais pas dire que cette galerie était inexécutable, car alors je me serais expédié un brevet d'ignorance ; mais je devais prévenir le ministre que son exécution l'entraînerait dans des dépenses énormes, et c'est ce que j'ai fait courageusement et à plusieurs reprises.

» servoir qui existe. *Si l'on renonçait à cette galerie*, AU NIVEAU » où elle a été commencée, je serais obligé de changer les pro» portions de mes pompes, puisque la machine d'en bas aurait » à soulever une colonne d'eau plus haute de 30 pieds à celle » d'en haut, d'autant moins élevée, ce qui serait encore une dé» pense assez forte (1). »

Il est précieux d'avoir à recueillir et à commenter les aveux naïfs qui viennent d'échapper à M. Perier.

Il a choisi, dit-il, le niveau de sa galerie, sans connaître la nature du terrain, et seulement pour profiter d'un réservoir existant!

Si toute autre que l'auteur de ce projet avançait aussi franchement, et sur un prétexte aussi léger, que, sans étude préalable, des points aussi importans auraient été déterminés et fixés *irrévocablement*, le croirait-on? ne l'accuserait-on pas de malveillance? pourrait-on se persuader qu'un savant distingué, dont un ingénieur en chef des ponts et chaussées ne devrait point rougir de prendre des avis et des instructions, poursuivît, avec un entêtement aussi rare que malheureux, la stricte et sévère exécution d'un projet qu'il convient lui-même de n'avoir point médité, de n'avoir pas même soupçonné qu'il méritât de l'être?

Pour compléter l'étonnement que doit produire un tel aveu, il s'empresse d'ajouter que, *si on eût renoncé à cette galerie au niveau où elle a été commencée*, il serait obligé de changer les proportions de ses pompes. C'est donc bien réellement lui qui a déterminé ce niveau, qui a persisté opiniâtrement à ce qu'il ne fût pas changé. Le mot de l'énigme est enfin découvert, et ce mot n'est ni l'inexpérience, ni l'ineptie, ni la prétention de l'ingénieur à mettre du sien dans ce beau projet; c'est tout simplement . . . . je laisse au lecteur à remplir la lacune.

Je m'abstiendrai de rappeler que dans ses différens mémoires,

---

(1) Cette phrase n'est peut-être pas très-intelligible; mais elle est transcrite et ponctuée très-littéralement.

M. Perier, a varié sur la largeur et la hauteur de sa galerie; que tantôt il la faisait de 4 à 5 pieds de large, sans parler de la hauteur; tantôt de 5 pieds de large sur dix pieds de hauteur, sans dire un mot de la profondeur du chénal; enfin de 3 pieds de large seulement, et 4 pieds de profondeur d'eau, sans s'expliquer sur la hauteur de la voûte; mais je ferai remarquer qu'en dernier lieu, une fouille de 6 pieds de haut, sur 6 pieds de large, lui paraît suffisante, parce qu'il n'a plus besoin que d'un canal de 30 pouces.

Que le lecteur veuille bien se mettre un instant à ma place. Sur laquelle de ces bases établirait-il un projet de construction? ne se croirait-il pas autorisé à faire quelques questions, à demander quelques éclaircissemens? C'était bien là, ce me semble, le cas de recourir aux lumières de M. Perier, car il régnait beaucoup d'obscurité dans ses descriptions, et lui seul pouvait expliquer ce qu'il voulait définitivement.

La seule correspondance relative aux dimensions à donner à cette galerie formerait un volume. Je fis divers projets, parmi lesquels je donnais la préférence à celui qui fixait la largeur de la galerie à 6 pieds, sa hauteur au dessus des banquettes à 6 pieds, le chenal à 4 pieds de large et 3 pieds réduits de profondeur; mais la confection d'une semblable galerie, dont les pieds droits de la voûte ne devaient pas avoir moins de 3 pieds d'épaisseur pour résister à la poussée des glaises pressées par la masse énorme qui reposait sur elle, le massif sur lequel elle devait être assise dans toute sa longueur, le boisage destiné à soutenir les parois de cette fouille pendant les constructions, le jeu nécessaire pour cintrer et décintrer ces boisages, exigeaient effectivement la largeur et la hauteur que j'ai indiquées dans mes plans, coupes et devis. Au surplus, lorque j'ai quitté la direction des travaux, rien encore n'était décidé à cet égard (1).

---

(1) M. Perier allait prônant à tout le monde que, dans les boisages des puits

Je me hâte d'abandonner cette malheureuse galerie, et d'avancer vers la fin de la course qui me reste à parcourir.

Quand j'eus reçu l'ordre de creuser le premier puits dans la grande tour de l'aqueduc, conformément au plan de M. Perier, je m'empressai de représenter que cette tour, bâtie sur un banc de sable, dont à la vérité l'épaisseur m'était alors inconnue, mais que je savais devoir être très-grande, d'après les renseignemens que j'avais pris; que cette tour, dis-je, courait le risque de s'écrouler si, lorsqu'on aurait atteint le premier niveau d'eau, ces sables venaient à couler derrière les boisages, malgré toutes les précautions prises lors de leur construction et de leur pose. Pour prévenir ce danger, je proposai de creuser ce puits à quelques toises de la tour; mais sous le prétexte d'épargner un bâtiment, M. Perier ne voulut jamais consentir *à ce changement, qui n'avait encore pour but que de faciliter, d'assurer et d'accélérer l'exécution de son projet.*

En vain je m'appuyai de l'avis de MM. Baillet et Héricart de Thury, ingénieurs en chef des mines; de MM. Perier des Garennes et Barnoin, de plusieurs ingénieurs des ponts et chaussées, auxquels je ne rougissais point de communiquer les moyens que j'employais ou que je me proposais d'employer pour vaincre les difficultés que m'opposait la nature du sol, et qui tous partageaient mon opinion, nous ne pûmes rien obtenir de l'inflexible M. Perier : il fallut poursuivre l'approfondissement du puits de la tour, malgré les lézardes qui la partageaient du haut en bas, et ce ne fut qu'à l'aide de moyens extraordinaires que je parvins à pousser le boisage jusque sur la roche solide, au travers de trois niveaux

---

et de la galerie provisoire, j'avais employé des bois infiniment trop forts, ce qui faisait augmenter la dépense sans nécessité. Il avait d'abord voulu le persuader à M. Cretet, ensuite à M. de Montalivet; mais ces deux ministres virent de leurs propres yeux que, loin que ces bois fussent d'un trop fort échantillon, il y en avait déjà un tiers de rompus qu'on avait été obligé de doubler, et ils ne me cachèrent ni l'un ni l'autre qu'ils étaient venus visiter mes travaux avec des préventions défavorables, dont l'aspect des lieux ne laissait plus de trace.

d'eau, et à me voir délivré de toute crainte et de toute inquiétude sur le sort de cette tour, qui n'a plus éprouvé de mouvement.

En se résumant (page 33), M. Perier pense « que l'on ne doit » pas abandonner les travaux, qui ont été faits à la vérité avec » trop de dépense. Le puits de la tour peut être achevé puisqu'il » est à moitié de sa profondeur; les autres sont faits, à l'excep- » tion de celui n°. 3, qui n'est pas nécessaire, et que l'on peut » recombler. La galerie est percée à moitié; *aucune difficulté ne » se présente pour l'achever* (1). Le bâtiment de la machine d'en » bas, qui n'est pas commencé, peut être rapproché de la rivière, » ce qui épargnerait beaucoup de dépenses, etc. (2)

Il est fâcheux, sans doute, pour les espérances de M. Perier, qu'il n'existe plus rien de tout ce qui a été fait. Le puits de la tour, ceux n°s. 2, 4 et 5 ont été déboisés en partie et comblés, ainsi que la galerie, et si dans le tems il a été très-difficile et très-dispendieux de pousser les travaux au point où ils étaient parvenus, il serait actuellement impossible de les reprendre, à moins de changer entièrement de direction. Le puits n°. 3, dans lequel on avait déjà trouvé des sources très-abondantes, a été maçonné et conservé par le propriétaire bénévole sur le terrain duquel il avait été creusé.

Le bâtiment de la machine d'en bas a été élevé sur des plans qui ne conviendraient point à M. Perier : tout serait donc à refaire.

J'ai été obligé de passer sous silence beaucoup d'assertions aussi fausses qu'erronées, mises en avant par M. Perier; j'ai voulu ne pas trop abuser de la patience de mes lecteurs, et je les crois actuellement suffisamment éclairés sur ma conduite,

(1) Ce serait au contraire pour l'achever que toutes les difficultés se présenteraient; mais M. Perier ne s'en doute pas.

(2) Enfin M. Perier convient qu'en plaçant le bâtiment plus près du chemin on eût épargné beaucoup de dépense. Il est bien tems d'en convenir lorsque ce bâtiment est hors de terre.

pour juger si j'ai mis du mien dans cette affaire, et si je devais être accusé (page 28) d'*inexpérience*, de *profusion* et *de motifs de malveillance*, que M. Perier dit avoir le droit de soupçonner.

Je le somme d'établir ce droit qu'il ose s'arroger, ou je le poursuivrai comme un calomniateur. C'est sur des faits positifs, des preuves écrites, que j'ai établi ma défense, et je le défie de prouver que jaie rien avancé qui ne soit de la plus sévère exactitude; je le défie encore de prouver que je me sois jamais refusé à recevoir ses avis et ses instructions, à me concerter avec lui toutes les fois qu'il me l'a proposé; mais ma complaisance, à cet égard, n'emportait pas l'obligation de m'y soumettre, quand j'avais de fortes raisons à lui opposer; j'attendais alors les décisions du ministre, et je m'y conformais.

Si M. Perier l'aîné n'eût attaqué que mes talens, le silence eût été ma réponse; mais il a voulu me diffamer, il m'a provoqué dans ce que j'avais de plus cher, et j'ai dû repousser son attaque avec toute la vigueur, toute la supériorité que donne le témoignage d'une conscience pure (1). J'ai voué à l'anathême le projet de M. Perier, parce qu'il m'a contraint à rendre publique

---

(1) Qu'il me soit permis d'opposer à l'opinion que M. Perier voudrait donner de ma moralité, deux lettres que je trouve dans mes papiers relatifs à la machine de Marly, et dont je me félicite d'avoir gardé des copies.

Copie d'une lettre écrite par M. le Comte DUBOIS, *Conseiller d'État, Préfet de police,*

A M. le Comte LAUMONT, Conseiller d'État, Préfet du dép. de Seine et Oise.

Le 31 mars 1807.

« Mon cher ami, M. Bralle, ingénienr hydraulicien en chef du département
» de la Seine et du ministère de l'intérieur, qui te remettra ma lettre, est un
» de ces hommes rares, dont la modestie égale les talens, et que nous autres
» gens en place sommes bien heureux de trouver. M. Bralle mérite toute ta
» confiance; je ne le connaissais pas quand je suis entré en fonctions de préfet;
» mais sept années d'expérience de son caractère, de son talent, de sa probité,

l'opinion que j'en avais conçue. Jusque-là je m'étais imposé la loi de respecter son erreur ; j'étais même devenu, pour ainsi dire, son complice, en acceptant la direction des travaux dont il avait jeté le simple trait, sans réflexion, sans examen ; mais, de ce moment, je m'étais imposé l'obligation d'en tirer le meilleur parti possible, et de contribuer à sa réussite autant qu'il était en moi. J'y voyais même de quoi flatter mon amour propre et quelque gloire à recueillir. Je m'en occupais donc jour et nuit ; j'y consacrais d'autant plus de soins que je ne voulais pas qu'on pût m'accuser d'avoir entravé, à dessein, la marche d'une entreprise qu'on savait bien n'être d'accord ni avec mes principes ni avec mon opinion. Je ne voyais plus qu'un devoir à remplir, et il était devenu sacré pour moi.

Si j'étais ouvertement l'ennemi des pompes à vapeur employées

---

» me font un devoir de te le recommander. Je désire même bien véritable-» ment qu'il devienne ton ami, comme il est maintenant le mien.

» Je t'embrasse, et suis ton collègue, ton compatriote et ton ami.

Signé Dubois ».

Copie d'une lettre écrite à M. le Comte de Montalivet, Directeur général des ponts et chaussées,

Par M. le Comte Laumont, Conseiller d'État, Préfet du dép. de Seine et Oise.

Le 20 janvier 1808.

« Monsieur et cher Collègue,

» M. Bralle, dont son Excellence le ministre de l'intérieur vient de reconnaître et de récompenser les services en l'attachant à votre département, » désire être admis à vous présenter ses hommages. Cet estimable ingénieur, » avec lequel j'ai depuis quelque tems, en sa qualité de directeur de la machine » de Marly, des relations qui m'ont donné de ses connaissances et de son » mérite l'idée que vous en prendrez sans doute bientôt, est d'ailleurs très-» recommandable par ses qualités personnelles. Permettez-moi donc de vous » prier de l'accueillir avec votre bienveillance accoutumée.

» J'ai l'honneur d'être, etc.

Signé Laumont ».

à Marly, par cela seul que je les croyais contraires aux véritables intérêts du Gouvernement, je ne l'étais point de M. Perier. Je l'ai prouvé en faisant tout ce qu'il m'a été possible de faire pour que ses pompes fussent employées lorsqu'on eut enfin renoncé à la galerie souterraine ; j'ai moi-même indiqué un moyen très-simple de leur faire monter l'eau d'un seul jet, et j'étais assuré du succès. Je suis parvenu à y faire croire, on s'est rangé à mon avis ; mais M. Perier, ses pompes et moi avons été mis de côté. Deux autres artistes ont été appelés à l'exécution de ce nouveau projet qu'ils n'avaient ni conçu ni médité. Le *sic vos non vobis* a été mon unique récompense, *et tulit alter honores*.

Une sorte de consolation me reste, c'est qu'en m'opposant à l'adoption du projet de M. Perier j'avais raison sans doute, puisqu'enfin il a été rejeté pour toujours à l'unanimité, et qu'on s'est déterminé à tenter de monter l'eau d'un seul jet, avec des pompes à vapeur d'une construction différente de celles de M. Perier, qui cependant y auraient été propres, au moyen de quelques légers changemens et de clapets d'une forme particulière.

On trouvera, je le crains, ce mémoire bien long, bien diffus, trop chargé de répétitions, son volume effraiera ; mais j'ai préféré l'inconvénient de repousser la curiosité des lecteurs insoucians, à celui de ne pas satisfaire les personnes impartiales qui aiment à s'éclairer avant de former une opinion ; et pour celles-là, je suis bien loin d'avoir tout dit.

OBSERVATIONS GÉNÉRALES

Sur le projet de remplacer la machine de Marly par des pompes à vapeur, et sur celui d'y substituer une machine hydraulique mue par le courant de la rivière.

Depuis plus de 30 ans je lutte en faveur d'un système de machine propre à remplacer l'ancienne machine de Marly, et depuis plus de 15 ans, l'un de mes projets aurait été exécuté si j'eusse pu transmettre plutôt à mes juges l'intime conviction où j'étais de la possibilité de monter l'eau d'un seul jet depuis la rivière jusque sur l'aqueduc. Il n'y aurait donc plus à prononcer aujourd'hui sur la question de savoir si une machine aussi simple que celle que j'avais proposée, et qu'en dernier lieu M. de Champagny avait adoptée, devrait céder le pas à des pompes à vapeur constamment rejetées jusques à l'avénement de M. Cretet au ministère de l'intérieur. Les doutes qui en avaient fait suspendre l'exécution se sont évanouis depuis que j'ai demontré, par une expérience de 6 a 7 ans, et qui subsiste encore, qu'avec la plus faible des roues de la machine actuelle, il était possible d'élever de 22 à 23 pouces d'eau, d'un seul jet, à près de 500 pieds de hauteur, et à 700 toises de distance (1). Une commission, composée de membres de l'Institut, a déclaré en outre *que le moyen de l'élévation de l'eau par un seul jet, depuis la rivière jusque sur la tour, est préférable à tout autre.* Il ne reste donc, pour se déterminer en

---

(1) En citant les premiers essais de cette expérience, M. Perier affecte de ne parler que de M. Brunet, quoiqu'il sache très-bien que c'est moi qui l'ai terminée et portée au point où elle est : je dois revendiquer mes droits dans une circonstance aussi importante.

faveur d'une machine mue par la rivière, que de comparer ce qu'elle coûterait d'entretien à ce que coûterait celui d'une machine à vapeur.

MACHINE SUR LA RIVIÈRE.

La machine hydraulique que j'ai proposée (1) donnerait, terme moyen, les chômages défalqués, 75 pouces d'eau, quantité jugée suffisante pour les besoins futurs de Versailles et de Marly, dont il n'est pas probable qu'on rétablisse de long-tems les eaux jallissantes, mais où ils serait possible que le Roi voulût faire bâtir un simple rendez-vous de chasse.

Les devis relatifs à l'établissement de cette machine ne s'élèvent qu'à 1,948,000 fr.; j'ajouterai généreusement, pour les dépenses imprévues, 252,000 fr. L'exécution complète de cette machine sera donc portée ici pour	2,200,000 fr.
On estime qu'avec 300,000 fr. on pourra rétablir la navigation de la manière la plus sûre et la plus avantageuse; cependant on portera pour cet objet	500,000
L'entretien annuel et les frais de régie ne s'élèveront pas à plus de 30,000 fr., dont le capital est de	600,000
TOTAL	3,300,000

Dont l'intérêt, à 5 pour cent, est de 165,000 fr.

Chacun des 75 pouces d'eau, élevé par cette machine, reviendrait donc à 2,200 fr.

Cette machine est composée de trois roues seulement; on aurait autant de fois 25 pouces de plus, chaque jour de l'année, qu'on voudrait y ajouter de roues: donc 100 pouces avec quatre roues, 125 avec cinq roues, etc.

POMPES A VAPEUR.

Les pompes à vapeur, quoi qu'on veuille dire, exigeront au moins 1,500,000 fr. pour être *convenablement* terminées, dans la supposition, très-admissible, qu'il y aura une reprise à la moitié de la hauteur totale, ci.............. 1,500,000 fr.

On brûlera pour 114,000 fr. de charbon par an, avec les deux fourneaux, représentant un capital de.................................... 2,280,000

L'entretien annuel, y compris les frais d'administration, ne s'élèvera pas à moins de 35,000 fr. par an, dont le capital est de............... 700,000

Il y aura en outre à dépenser pour la navigation, au moins........................ 120,000

TOTAL............... 4,600,000

Dont l'intérêt, à 5 pour cent, est de 230,000 fr.

Les 75 pouces élevés par ces machines reviendraient donc à 3066 fr. (1).

Il y a donc entre les pompes à vapeur et une machine sur la rivière,

1°. Une différence de 1,300,000 fr. dans les capitaux, à l'avantage de la dernière;

2°. Une diminution de 866 fr. sur le prix de chaque pouce d'eau, en faveur d'une machine hydraulique.

Ce n'est pas tout, on doit considérer, *et c'est-là le point*

(1) Je ne compte ici la dépense qu'à raison de 75 pouces d'eau seulement; M. Perier a construit ses machines de manière à en élever 192 : on aurait donc dépensé pour 288,000 fr. de charbon, représentant un capital de 5,760,000 fr.; mais pour établir une comparaison exacte entre les deux machines, je les considère ici comme ne devant élever chacune que la même quantité d'eau.

essentiel, que les dépenses des pompes à vapeur ne s'élève ront pas à moins de 149 à 150,000 fr. par an, tandis qu'un machine sur la rivière n'exigera, chaque année, qu'une dépens de 30,000 fr., c'est-à-dire 120,000 fr. de moins par an que le pompes à vapeur.

Or, il me paraît incontestable qu'en bonne administration on doit, autant que possible, éviter de se grever à perpétuité d'entretiens onéreux et permanens. Cette considération majeur et celles que j'ai précédemment exposées, me paraissent devoi fixer irrévocablement l'opinion d'un Gouvernement sage, e faveur d'une machine hydraulique, mue par le courant de l rivière.

PROPOSITION.

Si l'état actuel des finances ne permettait pas d'affecter, pen dant trois années consécutives, 900,000 fr., tant à la construc tion de la machine que je propose, qu'aux travaux qu'exige l navigation, je prendrais l'engagement de mettre une partie d la machine actuelle en état d'élever, pendant 15 à 20 ans encore 45 pouces d'eau, terme moyen, sans qu'il en coûtât rien a Gouvernement, que l'abandon des vieux matériaux supprime et dont la valeur paierait la dépense des nouvelles constructions

L'Ingénieur en chef des ponts et chaussées chargé des travaux hydrauliques de la vil de Paris, ancien Censeur royal, et Secre taire ordinaire de Mgr. Comte d'Artois,

BRALLE.

www.ingramcontent.com/pod-product-compliance
Ingram Content Group UK Ltd.
Pitfield, Milton Keynes, MK11 3LW, UK
UKHW022136190726
13855UKWH00003B/1171